吉林省环境气象
监测与预报

杨雪艳　于　洋　主编

气象出版社
China Meteorological Press

内容简介

本书系统总结了吉林省近十年在环境气象观测与环境气象预报研究等方面的成果，包含吉林省环境气象观测、大气污染形成机制和环境气象预报技术方法的分析研究以及环境气象业务等方面内容。全书共分8章，分别是吉林省大气成分观测现状、吉林省雾/霾气候特征、吉林省空气质量特征、吉林省大气污染排放及主要城市大气环境容量、吉林省大气污染与气象条件的关系、环境气象数值预报模式应用、环境气象统计预报方法研究、环境气象业务体系等。

本书可供从事环境气象监测、分析和预报的业务技术人员使用，也可为大气环境等相关学科的科研工作者提供参考。

图书在版编目（CIP）数据

吉林省环境气象监测与预报 / 杨雪艳，于洋主编
. -- 北京 : 气象出版社，2023.7
ISBN 978-7-5029-7990-4

Ⅰ. ①吉… Ⅱ. ①杨… ②于… Ⅲ. ①大气环境－空气污染监测－吉林②大气环境－气象预报－吉林 Ⅳ. ①X831②P457

中国国家版本馆CIP数据核字(2023)第108557号

吉林省环境气象监测与预报

JILIN SHENG HUANJING QIXIANG JIANCE YU YUBAO

出版发行：气象出版社

地　　址：北京市海淀区中关村南大街46号　**邮政编码**：100081

电　　话：010-68407112(总编室)　010-68408042(发行部)

网　　址：http://www.qxcbs.com　**E-mail**：qxcbs@cma.gov.cn

责任编辑：黄海燕　**终　　审**：张　斌

责任校对：张硕杰　**责任技编**：赵相宁

封面设计：博雅锦

印　　刷：北京建宏印刷有限公司

开　　本：787 mm×1092 mm　1/16　**印　　张**：8

字　　数：185千字

版　　次：2023年7月第1版　**印　　次**：2023年7月第1次印刷

定　　价：68.00元

本书如存在文字不清、漏印以及缺页、倒页、脱页等，请与本社发行部联系调换。

编委会

前　言

空气污染对生态建设、社会经济发展和人们生活及身体健康都有较大影响，受到各级政府和广大公众的高度关注。党的十八大以来，党中央、国务院及地方政府把改善空气质量、控制空气污染作为重要任务。

吉林省地处中高纬度，受季风气候影响，春季多大风沙尘天气，冬季漫长而寒冷，采暖期长，且污染排放源较多，加之不利气象条件影响，近些年每年都有雾/霾天气发生。为有效防治大气污染，从 2013 年开始，吉林省长春市开展了 $PM_{2.5}$、PM_{10}、SO_2、NO_2、CO、O_3 等污染物浓度的实时监测，从 2015 年开始，吉林省其他主要城市也开展了上述污染物浓度的实时监测，并且从 2013 年开始，各地也陆续开展了空气质量预报，包含空气质量等级预报、空气质量指数(AQI)预报、首要污染物预报及 $PM_{2.5}$、PM_{10}、SO_2、NO_2、CO、O_3 等污染物浓度预报等。

为提高空气质量预报技术能力，近几年业务技术人员和专家学者对污染天气与气象条件的关系、AQI 预报方法、环境气象数值预报模式等开展了多方面研究，积累了一些研究成果。为给业务技术人员及科研人员提供吉林省环境气象监测预报技术方面的参考，编写组在收集分析相关资料以及查阅相关文献、科技成果的基础上，编著了本书。《吉林省环境气象监测与预报》对吉林省雾/霾天气、吉林省空气质量特征、主要城市大气环境容量特征等进行了详细分析，总结了吉林省大气污染与气象条件的关系、重污染天气预报方法、环境气象预报方法等，并介绍了空气质量数值预报模式及业务应用情况。

本书由杨雪艳、于洋任主编，拟定大纲和每章的要点，并对全书进行了统稿和审定。第 1 章吉林省大气成分观测现状，对吉林省大气成分观测站网及监测污染物种类进行了详细介绍；第 2 章吉林省雾/霾气候特征，分析了吉林省气候特点、雾/霾时空分布气候特征、气候变化趋势；第 3 章吉林省空气质量特征，分析了吉林省主要城市空气质量特征、主要污染物变化特征，并对采暖期和非采暖期环境空气质量进行了对比分析；第 4 章吉林省大气污染排放及主要城市大气环境容量，介绍了吉林省和长春市大气污染排放源及排放量总体情况，分析了秸秆焚烧、燃放烟花爆竹对空气质量的影响，研究了吉林省主要城市大气环境容量；第 5 章吉林省大气污染与气象条件的关系，分析研究了风向风速、气温、气压、湿度、降水与空气质量的关系及对污染物浓度的影响，分析总结了吉林省重污染天气预报方法；第 6 章环境气象数值预报模式应用，介绍了吉林省 WRF-CMAQ 空气污染预报系统、吉林省 WRF-Chem 预报业务系统、WRF-HYSPLIT 污染物轨迹模型预报业务系统及业务应用情况；第 7 章环境气象统计预报方法研究，分析了空气质量等级与气象条件的关系、空气质量等级预报方法、污染物浓度预报方法；第 8 章环境气象业务体系，介绍了环境气象业务布局、污染天气分析方法、环境气象业务系统、预报质量检验评估等。

各章撰写人员如下：第 1 章由于洋、于爱敏、太春宁、范卉、陈学伟、杨成江、秦杨、曾越、安平平编写；第 2 章由杨雪艳、刘柏鑫、张梦远编写；第 3 章由于洋、于爱敏、太春宁、范卉、陈学伟、杨成江、秦杨、曾越、安平平编写；第 4 章由秦玉琳、杨雪艳、于洋编写；第 5 章由杨雪艳、秦玉琳、姚瑶编写；第 6 章由刘海峰、刘实编写；第 7 章由杨雪艳、徐士琦、毕潇潇、张梦远、于洋编写；第 8 章由杨雪艳、秦玉琳、于洋编写。

本书在编写过程中，参考了他人的一些研究成果，谨向他们表示衷心感谢。参考文献中所列成果可能不太齐全，请有关作者谅解。由于本书编写人员技术水平有限，加上时间仓促，错漏之处在所难免，敬请广大读者不吝指正。

作者

2022 年 10 月

目　录

第 1 章　吉林省大气成分观测现状

1.1　大气成分观测站网建设及布局

“十二五”期间，国家对大气监测网络进行了新的调整，对各省（区、市）国控网内空气监测点位数量、点位种类、监测污染物种类、监测频次等有了明确规定。截至“十三五”末期，吉林省共设有 129 个环境空气自动监测点位：国控点位 36 个，包括城市评价点 31 个、城市对照点 2 个、大气背景点 1 个、区域点 2 个；省控点位 93 个，包括城市评价点 91 个、城市对照点 1 个、大气超级站 1 个（表 1.1）。

所有点位数据均可实时采集传输，并在相应管理平台上进行各项污染物小时浓度、空气质量指数（AQI）、月均浓度、季均浓度、年均浓度等统计分析。

表 1.1　吉林省环境空气自动站点分布

	国控				省控		
	城市评价点	对照点	区域点	背景点	城市评价点	对照点	超级站
长春	9	1	1		10		1
吉林	6	1			10		
四平	3				9		
辽源	2				6		
通化	2				10		
白山	2				10	1	
松原	2				8		
白城	2		1		9		
延吉	3				14		
长白山				1	3		
梅河口					2		
合　计	31	2	2	1	91	1	1

1.2 各类监测点监测污染物种类

1.2.1 城市评价点和对照点

城市评价点和对照点均具备大气 6 项污染物指标（SO_2、NO_2、CO、O_3、PM_{10}、$PM_{2.5}$）及气象 5 参数（温度、气压、湿度、风向、风速）监测能力，部分点位增加能见度监测及城市摄影功能。

1.2.2 国家大气背景点

国家大气背景点具备大气 6 项污染物指标（SO_2、NO_2、CO、O_3、PM_{10}、$PM_{2.5}$）及气象 5 参数（温度、气压、湿度、风向、风速）监测能力，同时具备能见度、黑碳、降雨量、主要阴阳离子等监测能力。

1.2.3 大气超级监测站

大气超级监测站在 6 项常规指标监测基础上，还可实现灰霾大气成分、光化学烟雾、气象及遥感、污染物源解析等项目的监测分析。同时建设预报预警会商室，当发生重污染天气时，可与气象部门、上下级部门进行可视化协同会商，对预报信息、预警信息协同审核，共同发布。

目前，吉林省仅有一个大气超级监测站，位于长春市北海公园内，独立的二层站房，建筑面积 500 m^2，实验室中主要安装有 30 余台先进的在线监测仪器设备。这些设备能够实现 5 个方面的监测功能。

（1）环境空气质量常规 6 参数监测

（2）灰霾大气成分监测

能见度仪：能见度监测是灰霾监测的重要指标；测量范围是 6 m～80 km。

浊度仪：通过监测颗粒物光散射系数来反映大气浑浊度。

粒径谱仪：反映颗粒物粒径分布。

黑碳仪：通过监测气溶胶的消光系统来测量环境空气中黑碳质量浓度。

（3）光化学烟雾监测

VOCs 监测仪：能够测量（C2～C12）大气挥发性有机物浓度。

PAN 监测仪：能够监测过氧乙酰硝酸酯（二次污染物标的物）浓度。

UV 辐射仪：测量太阳紫外辐射强度。

光化学辐射仪、光化学辐射通量光谱仪：监测 NO 及 O_3 光解速率。

NO_y 监测仪：监测氮氧化物、硝酸、硝酸盐（所有含有活性氮的化合物统称为 NO_y，其中包括 NO、NO_2、NO_3、HNO_3、N_2O_5、PAN 和多种含氮的有机物）。

温室气体监测仪：甲烷及非甲烷总烃、CO_2。

（4）气象及遥感监测

太阳光度计：利用多波段太阳光强度测量气溶胶光学厚度。

大气稳定度仪：监测大气稳定度长期趋势和昼夜变化。

双波段三通道激光雷达：探测大气气溶胶垂直分布和时空演变特征，具有识别沙尘、烟尘等非球形粒子以及区分雾和霾等功能。

微波辐射计：能够提供 10 km 以上的连续温度、相对湿度和液态水廓线数据。

风廓线雷达：采用有源相控阵天线等技术，探测高空风场数据。

（5）污染物源解析监测

气溶胶化学成分在线离子色谱仪：用于颗粒物中阴阳离子成分的在线监测，可应用在颗粒物源解析研究。

元素碳有机碳分析仪：采用光热法全自动半连续方式分析环境大气气溶胶中有机碳和元素碳浓度。

大气重金属分析仪：基于非破坏性 X 射线荧光（XRF）原理，能够监测空气中铅、镉、铬、砷等 28 种重金属含量。

在线气态汞分析仪：测量大气中痕量气态汞。

在线单颗粒气溶胶飞行质谱仪：实现 $PM_{2.5}$ 的深度源解析、源分类、源判识，化学组分分类，为 $PM_{2.5}$ 的预警、应急、治理等工作提供实时的技术支撑和科学依据。

大气超级监测站中心机房：配备 5 台高性能的服务器及 2 台千兆交换机，还有防火墙和其他软硬件设施，这些设施设备满足以超级站为核心，整合其他 9 个空气自动监测站点，搭建智能化数据监控平台和多模式集合预报预警体系的要求。

大气超级监测站预报预警会商室：建立一套大屏幕可视化会商系统，实现发生重污染天气时，与气象部门、上下级部门进行协同会商的功能，对预报信息、预警信息协同审核，共同发布。

超级监测站未来可以作为科研基地和实习基地，可以作为大家合作交流的平台，这里有先进的、完备的大气监测设备及技术手段，能够满足大多数相关科研的要求。

第2章　吉林省雾/霾气候特征

2.1　吉林省自然地理特征

吉林省位于中国东北部，地跨东经121°38′～131°19′、北纬40°50′～46°19′。东西长769.62 km，南北宽606.57 km，土地面积18.74万km^2，占中国国土面积的2%。吉林省地貌形态差异明显。地势由东南向西北倾斜，呈现明显的东南高、西北低的特征（图2.1）。以中部大黑山为界，可分为东部山地和中西部平原两大地貌区，东部山地分为长白山中山低山区和低山丘陵区，中西部平原分为中部台地平原区和西部草甸、湖泊、湿地、沙地区。

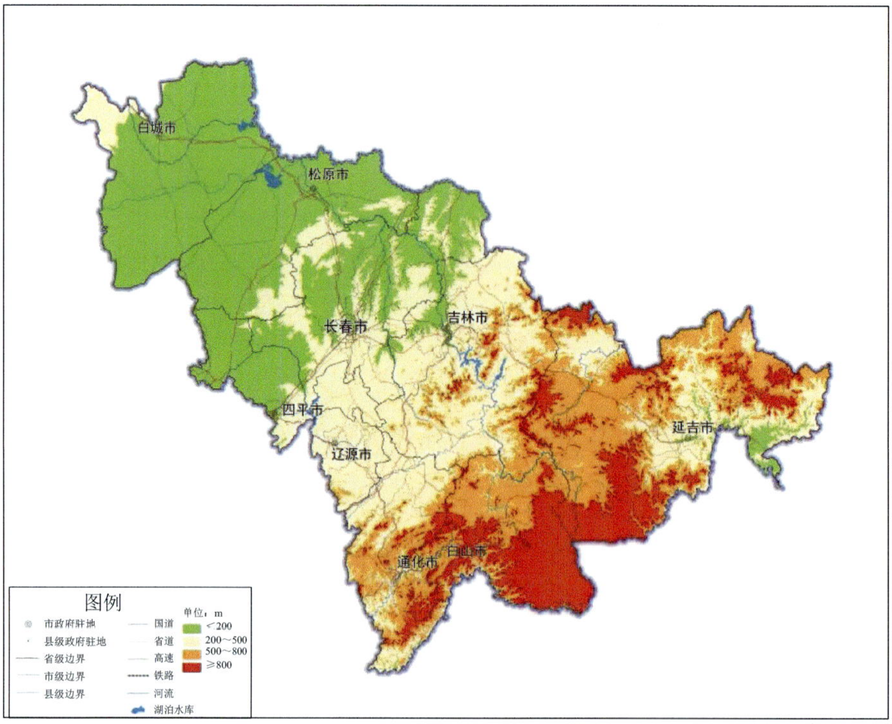

图2.1　吉林省地势图

2.2 吉林省气候特征

吉林省位于中纬度欧亚大陆东侧，属于温带大陆性季风气候。受西风环流系统影响，全省气温、降水、日照等都有明显的季节变化和较大的地域差异。气温和日照的分布大致由西向东递减，年降水量由西北向东南递增。全省四季分明，雨热同季。春季干燥风大，夏季温热多雨，秋季天高气爽，冬季寒冷漫长。

1961—2020 年吉林省年平均气温为 5.4 ℃，气温总体呈东部山区低、中西部平原高的分布特征（图 2.2）。其中长白最低，年平均气温为 2.7 ℃，集安最高，年平均气温为 7.3 ℃。1 月最冷，平均气温为－15.8 ℃；7 月最热，平均气温为 22.5 ℃。极端最低气温为－45 ℃，1970 年 1 月 4 日出现在桦甸；极端最高气温为 42.7 ℃，2017 年 5 月 18 日出现在洮南。

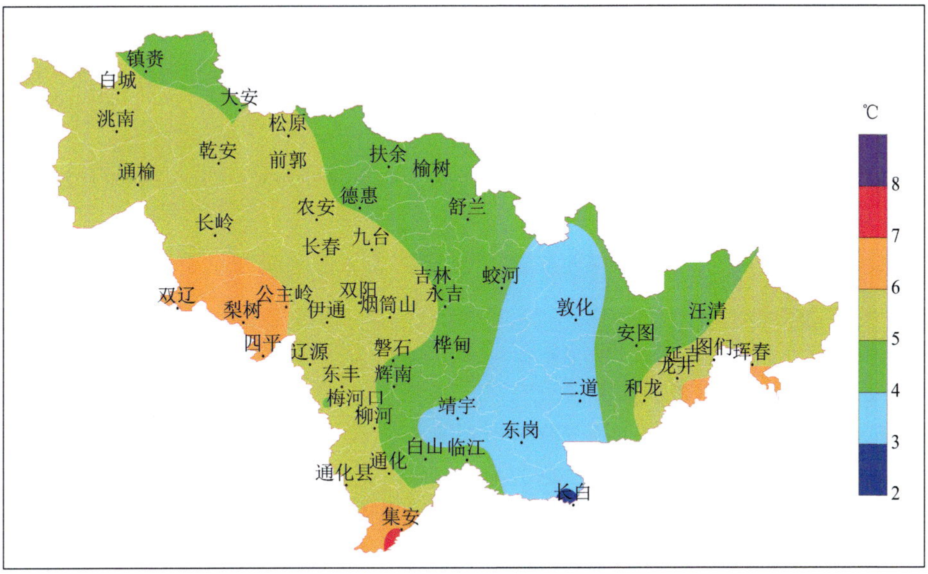

图 2.2 1961—2020 年吉林省各地年平均气温分布

1961—2020 年吉林省年平均降水量为 612.2 mm，总体呈东南部多、西北部少的分布特征（图 2.3）。其中集安市降水最多，年平均降水量为 922.7 mm，洮南和通榆降水最少，年平均降水量为 385.1 mm。受降水空间分布影响，吉林省西部为半干旱区，南部为湿润区，其他地方为半湿润区。受季风气候影响，吉林省降水量主要集中在夏季，占全年降水量的 63%。

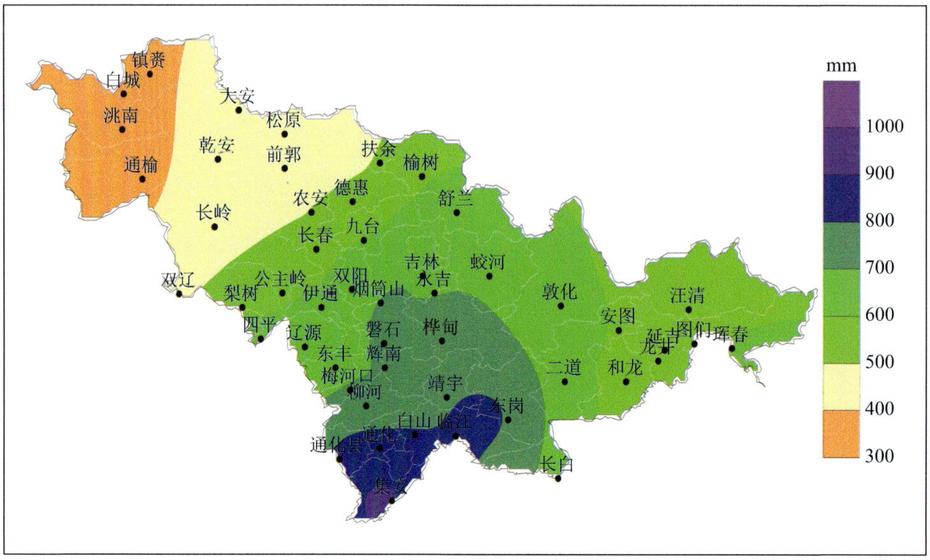

图 2.3　1961—2020 年吉林省各地年平均降水量分布

2.3　吉林省雾气候特征

雾是悬浮在贴近地面的大气中的大量微细水滴(或冰晶),使水平能见度小于 1 km 的天气现象。雾有较强的吸附性,会吸附空气中的颗粒物,使污染物积聚,影响空气质量,甚至造成污染天气。大雾能引起交通事故、班机延误、通信线路中断等,也会影响人们的身体健康。

雾天气的形成原因主要是大气层结稳定,水平方向为静风,垂直方向出现逆温,并且大气中悬浮着大量水汽凝结物或颗粒物;地形地貌对雾天气的形成也有一定影响,山谷、盆地均有利于雾天气的形成。

2.3.1　吉林省雾年际变化特征

利用吉林省气象信息网络中心提供的 1961—2020 年吉林省 50 县(市)雾的观测资料,对能见度小于 1 km 的大雾日数进行统计分析,结果表明,吉林省多年平均大雾日数为 16.0 d,年平均大雾日数最多达到 23.4 d,出现在 1975 年,最少为 7.8 d,出现在 2014 年(图 2.4)。

2.3.2　吉林省雾月际变化特征

1961—2020 年,吉林省大雾日数具有明显的月际变化特征,8 月雾最多,平均为 3.4 d,9 月次之,为 3.2 d;1—5 月较少,为 0.4～0.8 d,3 月最少,仅 0.4 d(图 2.5)。

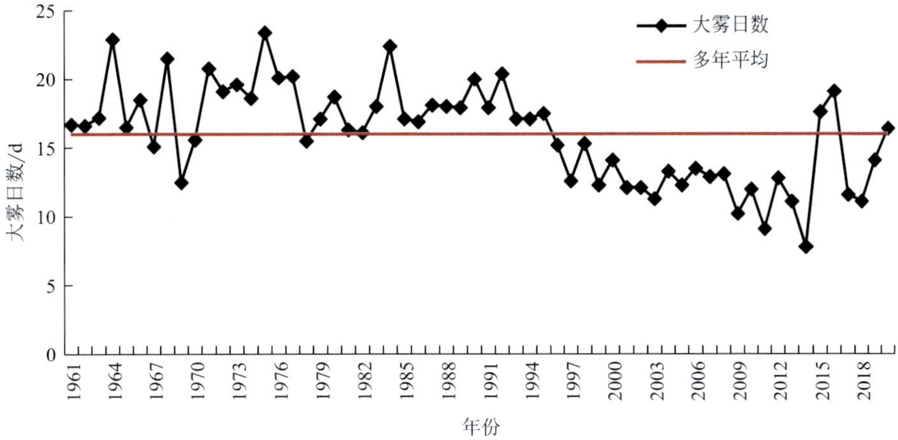

图 2.4 1961—2020 年吉林省逐年大雾日数

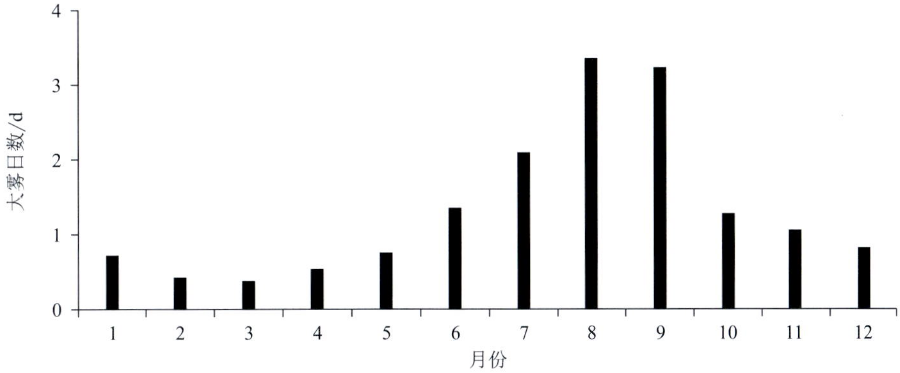

图 2.5 1961—2020 年吉林省逐月平均大雾日数

2.3.3 吉林省雾空间分布特征

从空间分布上看，吉林省各地雾分布不均，东南部多于西部（图 2.6）。西部白城、松原地区大部分年均大雾日数少于 10 d，四平、长春、辽源北部、通化北部和延边东部一般年均大雾日数为 10～20 d，吉林东南部、辽源南部、白山大部、通化大部和延边西部大雾日数偏多，年均日数在 20 d 以上，通化县最多，年均为 58.3 d，长白次之，为 56.6 d，临江最少，年均为 3.5 d。这与吉林省地形密切相关，东南部为山区，降水多，湿度大，较西部更容易满足大雾出现所需的湿度条件。

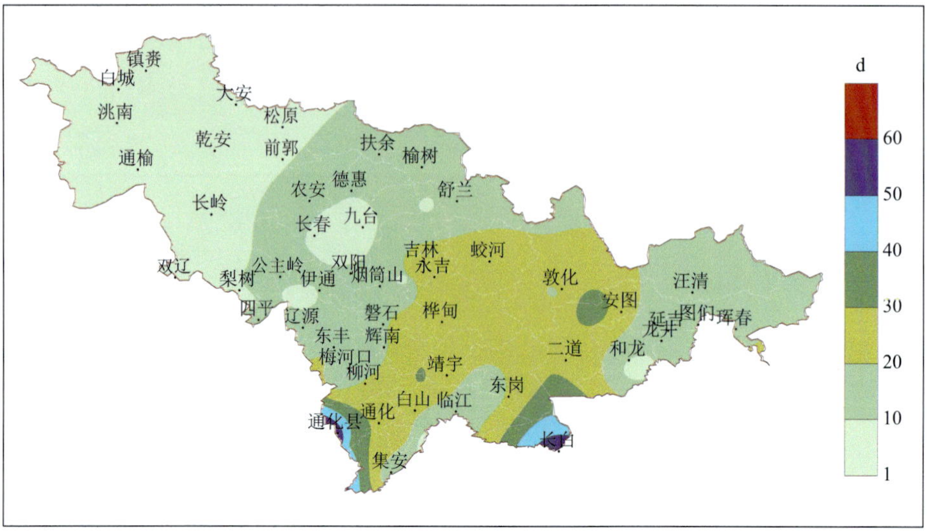

图 2.6　1961—2020 年吉林省年平均大雾日数分布

2.4　吉林省霾气候特征

霾是指悬浮在空气中，且大量粒径在几微米以下的大气气溶胶粒子（微小尘粒、烟粒、盐粒）的集合体，使水平能见度小于 10 km、空气普遍混浊的天气现象。出现霾这种低能见度天气现象，主要有两个影响因子，一是气溶胶浓度高，二是较高的相对湿度。

霾的历史资料是分析霾气候变化的基础，长期以来，由于缺乏统一的观测标准，各站点天气现象中基于人工观测的霾记录缺乏连续性和可比性，不能用于长期资料的统计分析，因此，国内外广大学者在研究霾时，一般通过按一定规则确定霾日来构建霾的历史序列。对于霾日确定标准以及相应的分析，一般采用能见度、相对湿度，并综合考虑人工观测的天气现象，主要有单次值法、日均值法、14 时值法等霾日判定方法，但判定时不同学者使用的标准略有不同。

单次值法：吴兑等（2014）提出按照观测记录逐次订正，只要在一天中某个观测时次符合出现霾的标准即统计为一个霾日。逐次天气现象是否为霾按以下原则确定：能见度小于 10 km 的资料，天气现象代码必须是露、霜、结冰、烟幕、霾、轻雾、雾 7 种之一，且相对湿度小于 90％的记为一个霾记录。

日均值法：吴兑等（2014）提出用日均值，定义当日均能见度小于 10 km，日均相对湿度小于 90％，并排除降水、吹雪、雪暴、扬沙、沙尘暴、浮尘、烟幕等其他能导致低能见度事件的情况为一个霾日。赵普生等（2011）提出，日均能见度小于 10 km，日均相对湿度小于 90％，且根据天气现象资料，排除降水、吹雪、扬沙、沙尘暴、浮尘，记为一个霾日。

14 时值法 ：吴兑等（2014）提出使用 14 时实测值，用于分析的能见度小于 10 km 的资料必须同时满足以下条件，即 14 时出现露、霜、结冰、烟幕、霾、轻雾、雾等天气现象且相对湿度小于 90%的记为一个霾日。以相对湿度 90%为界对霾、轻雾(雾)进行划分，当相对湿度达到 90%以上时认为是轻雾(雾)，小于 90%认为是霾。这样既可把轻雾(雾)中被误报的霾分离出来，又可把霾中被误报的轻雾(雾)分离出去。同时，利用天气现象代码将降水、吹雪、雪暴、扬沙、沙尘暴、浮尘、烟幕等天气事件筛选出来 。赵普生等(2011)提出，14 时能见度小于 10 km，相对湿度小于 90%，且排除吹雪、扬沙、沙尘暴和浮尘，记为一个霾日。

由于吉林省各站点 1980 年以前能见度资料为等级资料，没有具体数值，因此，研究过程中参考 14 时能见度小于 10 km、日平均相对湿度小于 90%，并排除吹雪、扬沙、沙尘暴、浮尘等天气现象造成的视程障碍为一个霾日；并根据吉林省特点，将烟和霾天气现象也作为霾日。利用 1961—2014 年吉林省 50 县(市)每日天气现象观测资料以及能见度、相对湿度资料，对吉林省各县(市)霾进行了逐日构建，得到了霾的历史序列。

利用 2013 年资料对通过上述方法构建的长春市霾天气与长春市环境气象监测站的 $PM_{2.5}$ 的观测结果进行了比较，结果表明，2013 年长春市霾出现 108 d，与 $PM_{2.5}$ 轻度污染以上日数相同，可见构建的霾系列具有较好的代表性。

2.4.1 吉林省霾空间分布特征

对 1961—2014 年吉林省各站年平均霾日数进行分析，发现吉林省西部和长白山海拔较高的地区霾出现较少，年平均出现 20 d 以下，吉林市大部、长春北部年平均出现 20～40 d，其中吉林市区年均出现 32.6 d；长春南部、四平大部、辽源、白山西部以及延边霾相对较多，年均出现 40～60 d，特别是辽源和白山，年均出现霾日数超过了 100 d，最多的为白山，年均 135 d，其次是辽源，年均 109.2 d，长春年均出现 50.1 d(图 2.7)。

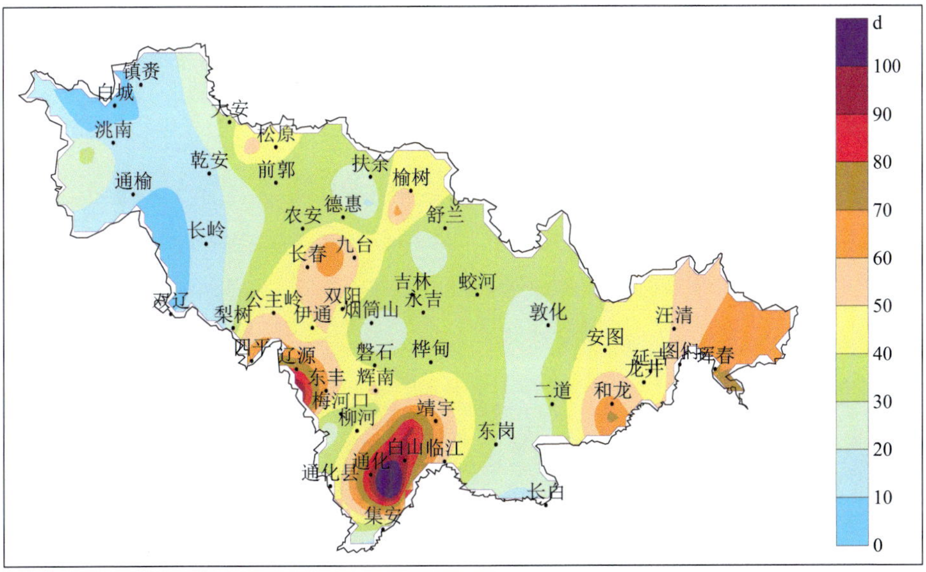

图 2.7 1961—2014 年吉林省各县(市)年平均霾日数

2.4.2 吉林省霾年际及年代际变化特征

对 1961—2014 年吉林省 50 县(市)霾日数进行统计分析,结果表明,吉林省年均出现霾 36.6 d。从 1961—2014 年逐年霾日数曲线来看,吉林省霾日数年际波动较大,1961—1971 年,霾较少,11 a 中有 8 a 少于多年平均,3 a 略高于多年平均;1972—1993 年,霾偏多,22 a 中年均出现霾 42.1 d,比多年平均多 5.6 d,其中 1980 年最多,达到了 50.8 d,这一时期仅有 2 a 霾日数少于多年平均值,有 20 a 高于多年平均值;1994—1999 年,霾处于偏少期;2000—2004 年霾偏多;2005—2013 年霾偏少;2014 年又有所增加(图 2.8)。

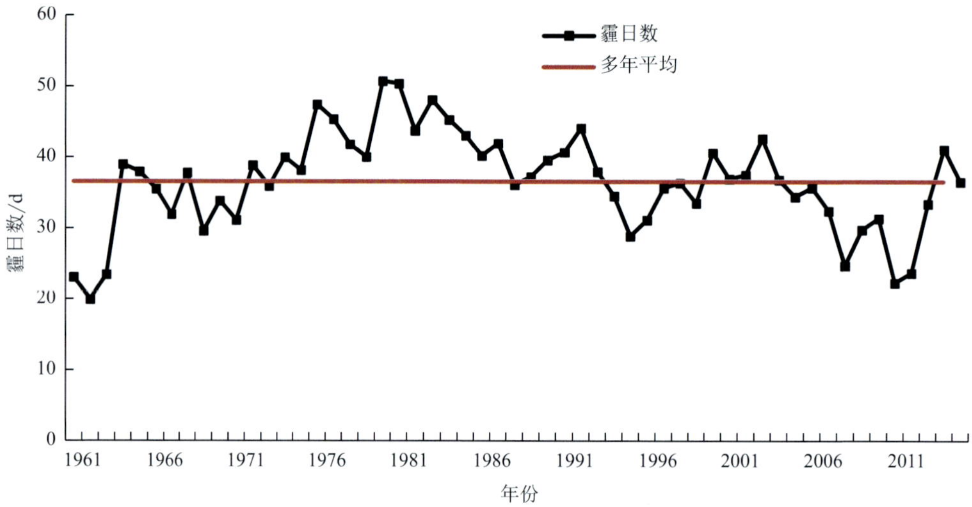

图 2.8 1961—2014 年吉林省逐年霾日数

从年代际分布来看,54 a 间吉林省霾日数年代际差异明显,20 世纪 60 年代略少,70 年代到 80 年代增多,80 年代最多,年均 43.7 d(表 2.1)。90 年代到 21 世纪前 10 年,霾日数与多年平均接近;2010 年以来霾日数减少。

表 2.1 吉林省各年代霾年均日数

	平均霾日数/d	距平/d
1961—1969 年	31.0	−5.4
1970—1979 年	39.3	+2.7
1980—1989 年	43.7	+7.1
1990—1999 年	36.3	−0.3
2000—2009 年	35.2	−1.4
2010—2014 年	30.4	−6.2
多年平均	36.6	

2.4.3　吉林省霾月际变化特征

吉林省霾具有明显的月际变化特征。从图 2.9 中可以看出，4—10 月霾相对较少，特别是 6—9 月，每月霾日数年均少于 1 d，8 月最少，年均 0.6 d；11 月到次年 3 月霾较多，其中 1 月最多，达到 7.9 d。12 月次之，为 7.2 d。这与吉林省冬季采暖期有关，采暖排放颗粒物增多，在一定天气条件下就会形成霾。

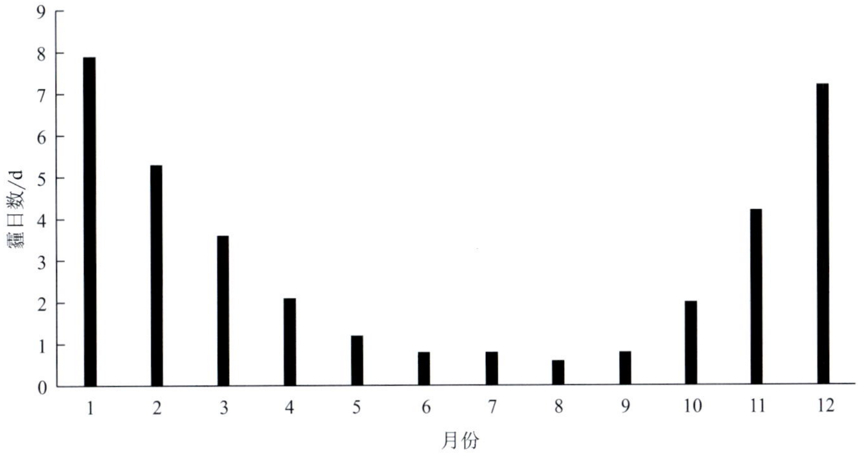

图 2.9　1961—2014 年吉林省逐月平均霾日数

2.4.4　吉林省霾气候变化趋势

计算 1961—2014 年吉林省霾气候倾向率及气候趋势系数。结果表明，气候倾向率为 −0.4 d/(10 a)，但气候趋势系数较小，未通过单序列相关性 t 检验，说明 1961—2014 年霾的波动较大，线性增加或减少趋势不明显。

2.4.5　长春市霾气候变化特征

长春为吉林省第一大城市，是吉林省政治经济中心，城市人口多，经济条件好。对长春市霾的变化规律进行分析，结果表明，1961—2014 年，长春市年均出现霾 46.4 d，从年际曲线来看，长春市霾存在两个波峰，一个波谷，震荡特征明显(图 2.10)。1961—1981 年为第一个波峰，期间霾多发，21 a 间有 18 a 高于多年平均，有 3 a 接近多年平均，最高峰出现在 1965 年，霾日数达到 78 d；1982—2002 年为波谷，霾日数明显下降，1989 年仅 6 d；2003 年开始霾天气再次增多，2003—2014 年再次出现了一个霾多发期，特别是 2013 年，达到 108 d。

从图 2.11 可以看出，1982 年以来长春市霾呈增加趋势，气候倾向率为 19 d/(10 a)，气候趋势系数达到 0.71，通过 $\alpha=0.01$ 的单序列相关性 t 检验。

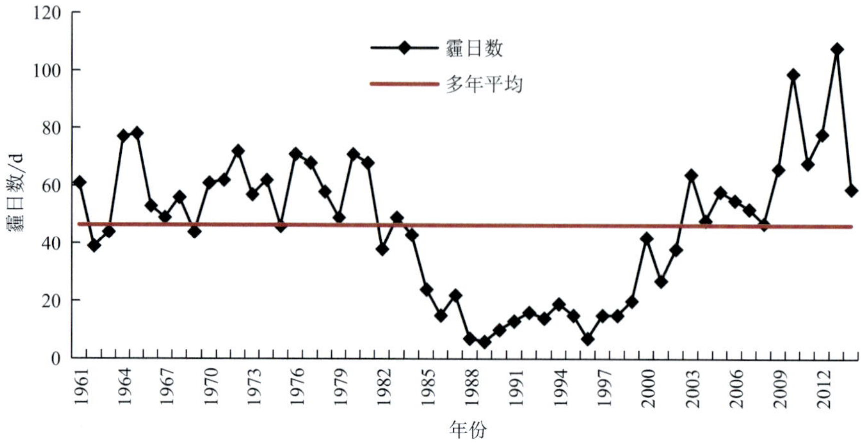

图 2.10　1961—2014 年长春市逐年霾日数

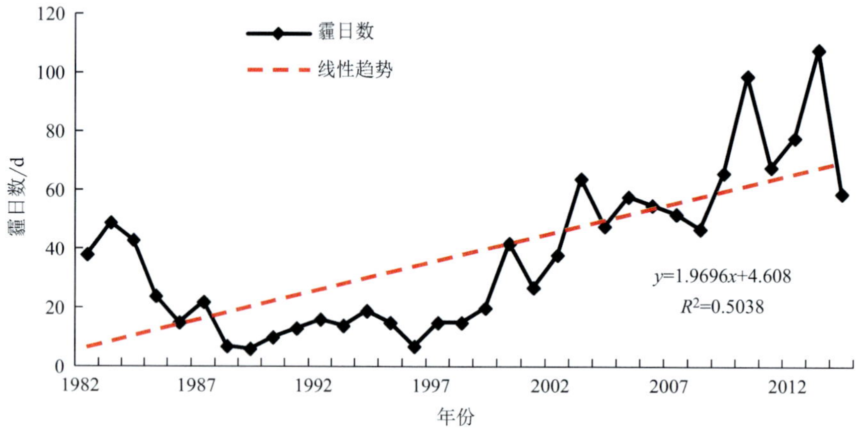

图 2.11　1982—2014 年长春市逐年霾日数及趋势分析

第3章　吉林省空气质量特征

3.1　吉林省空气质量概况

利用2016—2020年白城、松原、长春、四平、吉林、辽源、通化、白山、延吉逐日空气质量观测数据，根据《环境空气质量标准》(GB 3095—2012)以及《环境空气质量评价技术规范(试行)》(HJ 663—2013)对吉林省各地空气质量进行分析。

3.1.1　主要方法

(1)百分位数浓度：按照《环境空气质量评价技术规范(试行)》(HJ 663—2013)，将日历年内有效的CO 24 h平均值、O_3日最大8 h平均值按数值从小到大排序，取第95%位置的CO 24 h平均值与国家标准CO 24 h标准浓度限值进行比较，判断CO达标情况；取第90%位置的O_3日最大8 h平均值与国家标准O_3日最大8 h平均浓度限值比较，判断O_3达标情况。书中涉及的CO和O_3浓度均指百分位数浓度。

(2)优良天数：空气质量指数(AQI)在0～100的天数为优良天数，又称达标天数。

(3)重度及以上污染天数：重度污染天数与严重污染天数的总和。空气质量指数(AQI)大于100的天数为超标天数。其中，101～150为轻度污染，151～200为中度污染，201～300为重度污染，大于300为严重污染。

(4)空气污染物年均浓度值采用经中国环境监测总站审核后实况数据，颗粒物浓度扣除沙尘影响。

(5)秩相关系数计算及判定方法采用《环境空气质量评价技术规范(试行)》(HJ 663—2013)附录B。$n=5$时，临界值$\gamma=0.900$(单侧检验的显著性水平为0.05)。

(6)环境空气质量达标统计方法：参与评价的6项污染物浓度均达标，即为环境空气质量达标。其中SO_2、NO_2、PM_{10}、$PM_{2.5}$按照年均浓度进行达标评价，CO和O_3按照百分位数浓度进行达标评价。

本书中所有类别、级别比例计算，均为某项目的数量除以总数，结果按照《数值修约规则与极限数值的表示和判定》(GB/T 8170—2008)进行数值修约，故可能出现两个或两个以上类别的综合比例不等于各项类别比例加和的情况，也可能出现所有类别比例加和不等于 100%或同比变化百分比加和不等于 0 的情况。

3.1.2 吉林省主要城市空气质量特征

3.1.2.1 优良天数比例情况

2016—2020 年,吉林省城市环境空气质量优良天数比例在 84.3%～91.8%;重度及以上污染天数比例在 0.3%～1.6%,最优值均出现在 2018 年(图 3.1)。

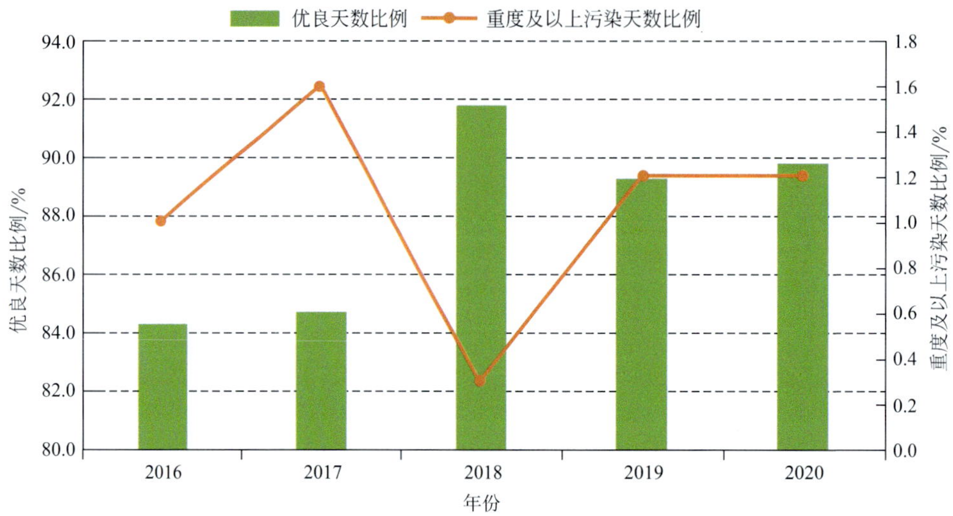

图 3.1 2016—2020 年吉林省优良天数比例与重度及以上污染天数比例

2016—2020 年,吉林省 9 个城市达标天数在 281～362 d,有效监测天数在 358～366 d,达标天数比例范围为 77.0%～98.9%。全省 9 个城市环境空气质量达标比例年际变化趋势见图 3.2。

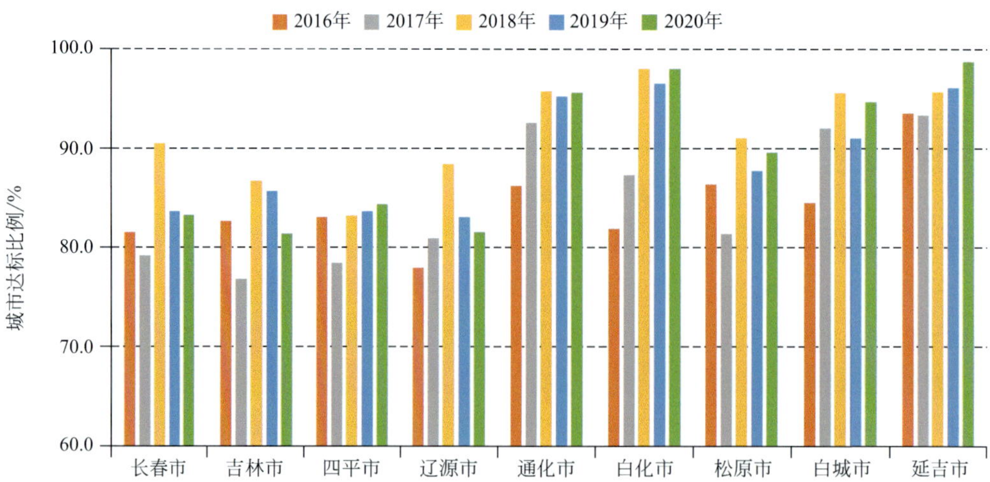

图 3.2 2016—2020 年吉林省各城市环境空气质量达标比例

3.1.2.2 超标日首要污染物

根据《环境空气质量指数(AQI)技术规定(试行)》(HJ 633—2012)中规定，空气质量指数大于50时，空气质量分指数最大的空气污染物为首要污染物。

2016—2020年全部超标天数中，以$PM_{2.5}$为首要污染物的天数占总超标天数的69.0%，以O_3为首要污染物的占21.9%，以PM_{10}为首要污染物的占9.0%，以其他因子为首要污染物的占0.2%(图3.3)。

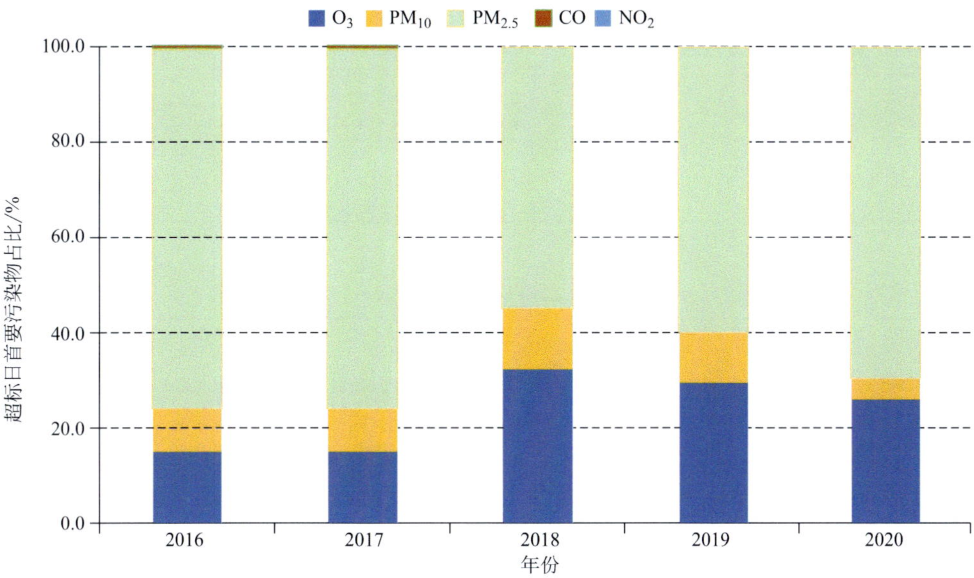

图3.3 2016—2020年全省超标日首要污染物逐年占比

3.1.2.3 空气质量达标情况

(1)全省达标情况

参与评价的6项污染物，除细颗粒物($PM_{2.5}$)外，其他5项均达到国家二级标准；细颗粒物($PM_{2.5}$)全省平均浓度在2018—2020年满足国家二级标准限值要求，2016年和2017年超过标准要求(表3.1)。

使用Spearman秩相关系数(γ_s)对各指标在“十三五”期间变化趋势进行统计分析，将秩相关系数绝对值与临界值相比较，若秩相关系数绝对值大于临界值，表明变化趋势有统计意义。γ_s为正值表示上升趋势，负值表示下降趋势。如果秩相关系数绝对值小于或等于临界值，表示基本无变化。

(2) 城市达标情况

2016—2020年，全省城市达标比例逐步提升，范围在22.2%(2016年)～77.8%(2018年)。影响城市环境空气质量达标的污染物集中为PM_{10}和$PM_{2.5}$。“十三五”期间各年均能达标的城市是松原市和延吉市，均不达标的城市是吉林市。各年主要城市达标情况见表3.2。

表 3.1 2016—2020 年吉林省环境空气质量状况及分析

		浓度						优良天数比例/%	重度及以上污染天数比例/%
		SO_2	NO_2	CO-95%	$O_{3\text{-}8\,h}$-90%	PM_{10}	$PM_{2.5}$		
年份	2016	20	25	1.5	125	68	41	84.3	1.0
	2017	19	26	1.6	123	64	39	84.8	1.6
	2018	13	22	1.3	129	54	31	91.8	0.3
	2019	11	23	1.3	129	56	32	89.3	1.2
	2020	12	22	1.4	123	52	31	89.8	1.2
二级标准值		60	40	4	160	70	35	—	—

注：浓度单位除 CO 为 mg/m^3 外，其余为 $\mu g/m^3$。

表 3.2 2016—2020 年全省城市达标情况

年份	城市环境空气质量是否达标									全省达标率/%
	长春市	吉林市	四平市	辽源市	通化市	白山市	松原市	白城市	延吉市	
2016	×	×	×	×	×	×	√	×	√	22.2
2017	×	×	×	×	√	×	√	√	√	44.4
2018	√	×	×	√	√	√	√	√	√	77.8
2019	×	×	×	×	√	√	√	√	√	55.6
2020	×	×	√	×	√	√	√	√	√	66.7

注：√表示达标，×表示未达标。

“十三五”期间，全省超标日中，以 O_3 为首要污染物的天数在 2016 年和 2017 年较低，2018—2020 年占比有所上升，其中 2018 年占比最高；以 PM_{10} 为首要污染物的天数在 2016—2019 年无明显变化，2020 年占比最低；以 $PM_{2.5}$ 为首要污染物的天数在 2016 年和 2017 年较高，2018—2020 年占比有所下降，其中 2018 年占比最低。

3.1.2.4 城市空气质量排名

依据《环境空气质量评价技术规范（试行）》（HJ 663—2013）和生态环境部《关于印发〈城市环境空气质量排名技术规定〉的通知》（环办监测〔2018〕19 号）的要求，采用环境空气质量综合指数对城市多项污染物污染状况进行比较，指数越大，表明综合污染程度越重。

2016—2020 年，全省环境空气质量综合指数平均值在 3.47～4.58，γ_s 为－1.00，呈下降趋势。

2016—2020 年，各城市环境空气质量综合指数在 2.57～5.22，γ_s 为－1.000～

−0.600，通化市、松原市和白城市环境空气质量综合指数呈现下降趋势，表明在“十三五”期间，这 3 个城市空气污染程度降低，环境空气质量向好发展，其他城市变化不明显（图 3.4）。

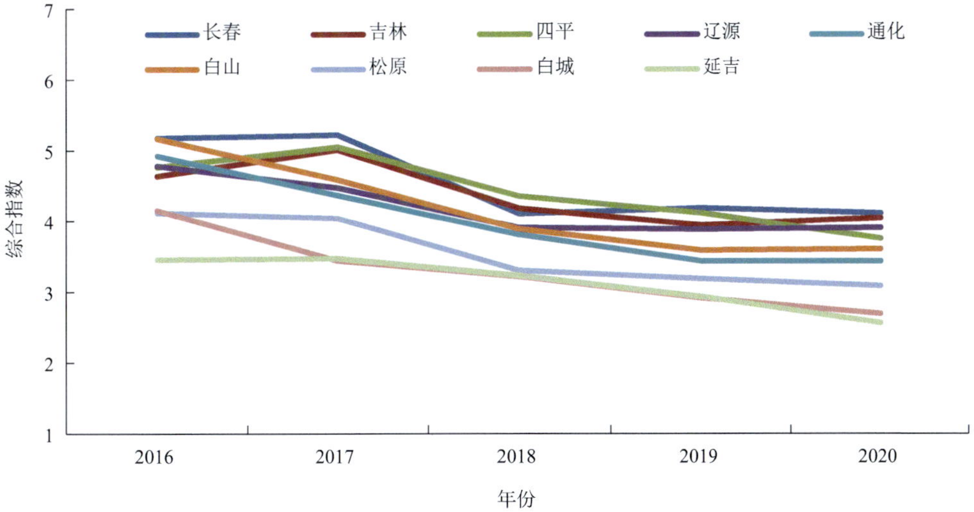

图 3.4 2016—2020 年各城市环境空气质量综合指数变化

3.2 主要污染物变化特征

3.2.1 二氧化硫（SO_2）

2016—2020 年，全省二氧化硫（SO_2）年均浓度在 11～20 μg/m³，满足国家二级标准限值要求，γ_s 为−0.900，基本无变化。各城市 SO_2 年均浓度在 6～32 μg/m³，达标比例为 100%（图 3.5）。各城市 γ_s 在−1.000～0.086，长春市、吉林市、四平市、通化市、白山市、松原市和白城市 SO_2 浓度呈现下降趋势，辽源市和延吉市基本无变化。

3.2.2 二氧化氮（NO_2）

2016—2020 年，全省二氧化氮（NO_2）年均浓度在 22～26 μg/m³，满足国家二级标准限值要求，γ_s 为−0.950，呈现下降趋势。各城市 NO_2 年均浓度在 14～37 μg/m³，达标比例为 100%（图 3.6）。各城市 γ_s 在−0.950～−0.300，长春市、通化市和白城市 NO_2 浓度呈现下降趋势，其他城市基本无变化。

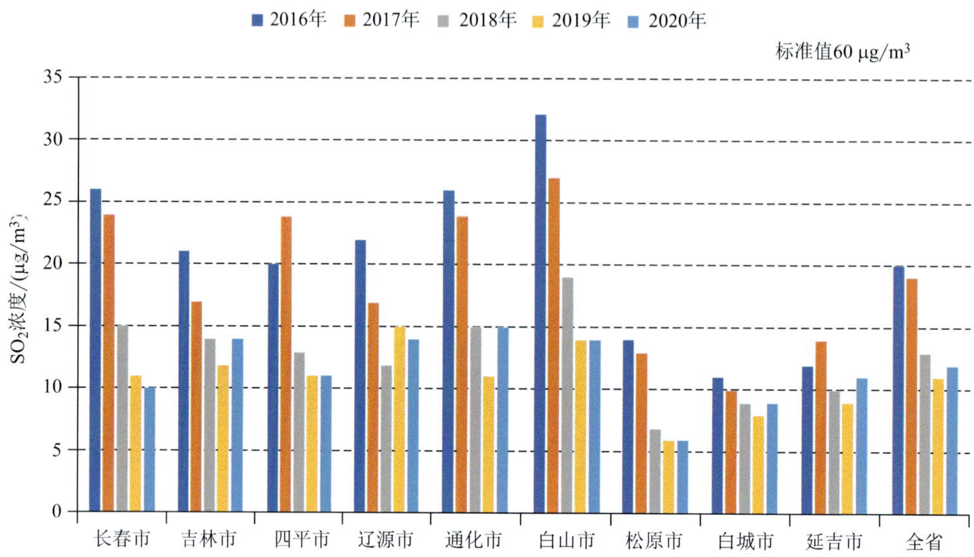

图 3.5　2016—2020 年全省及各城市 SO_2 年均浓度变化

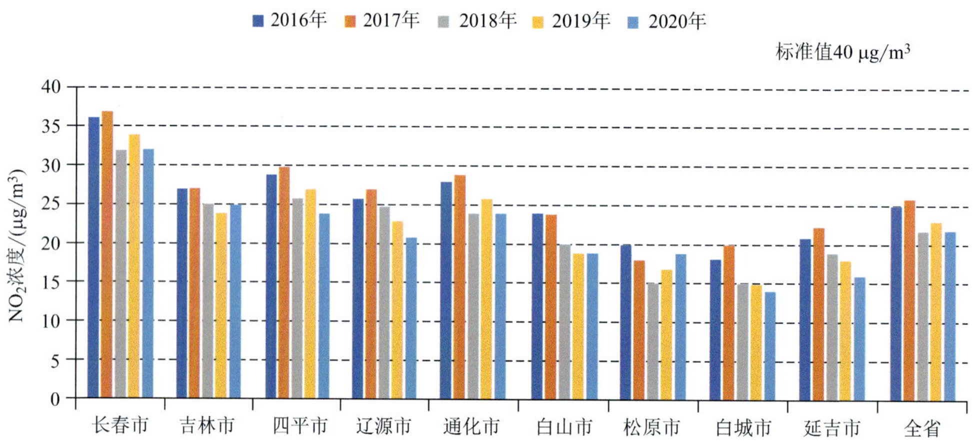

图 3.6　2016—2020 年全省及各城市 NO_2 年均浓度变化

3.2.3　一氧化碳(CO)

2016—2020 年，全省一氧化碳(CO)年均浓度在 1.3～1.6 mg/m³，满足国家二级标准限值要求，γ_s 为－0.750，基本无变化。各城市 CO 日均值第 95 百分位浓度在 0.9～2.0 mg/m³，达标比例为 100%(图 3.7)。各城市 γ_s 在－1.000～0.550，通化市和延吉市 CO 浓度呈现下降趋势，其他城市基本无变化。

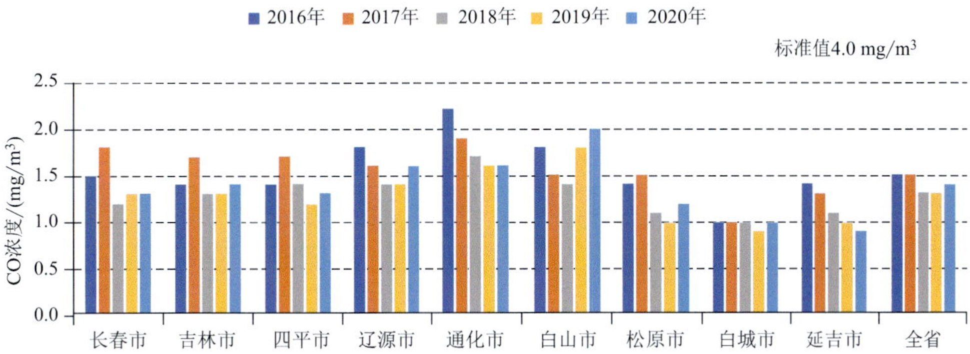

图 3.7 2016—2020 年全省及各城市 CO 年均浓度变化

3.2.4 臭氧(O_3)

2016—2020 年,吉林省臭氧(O_3)年均浓度在 123~129 μg/m³,满足国家二级标准限值要求,γ_s 为−0.100,基本无变化。各城市臭氧日最大 8 h 平均第 90 百分位浓度在 104~152 μg/m³,达标比例为 100%(图 3.8)。各城市 γ_s 在−1.000~0.700,松原市 O_3 浓度呈现下降趋势,其他城市基本无变化。

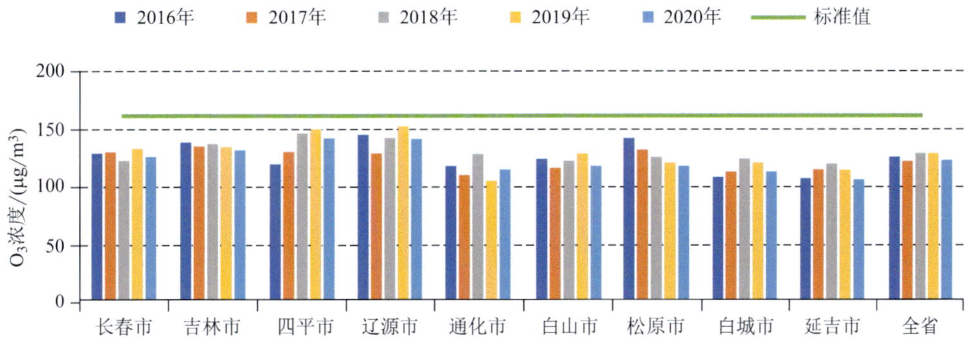

图 3.8 2016—2020 年全省及各城市 O_3 年均浓度变化

3.2.5 可吸入颗粒物(PM_{10})

2016—2020 年,全省可吸入颗粒物(PM_{10})年均浓度在 52~68 μg/m³,满足国家二级标准限值要求,γ_s 为−0.900,基本无变化。各城市 PM_{10} 年均浓度在 35~77 μg/m³,各年达标比例分别为 44.4%、66.7%、100%、100%、100%(图 3.9)。各城市 γ_s 在−1.000~−0.600,与 2016 年和 2017 年相比较,2020 年各地 PM_{10} 浓度均有所下降。

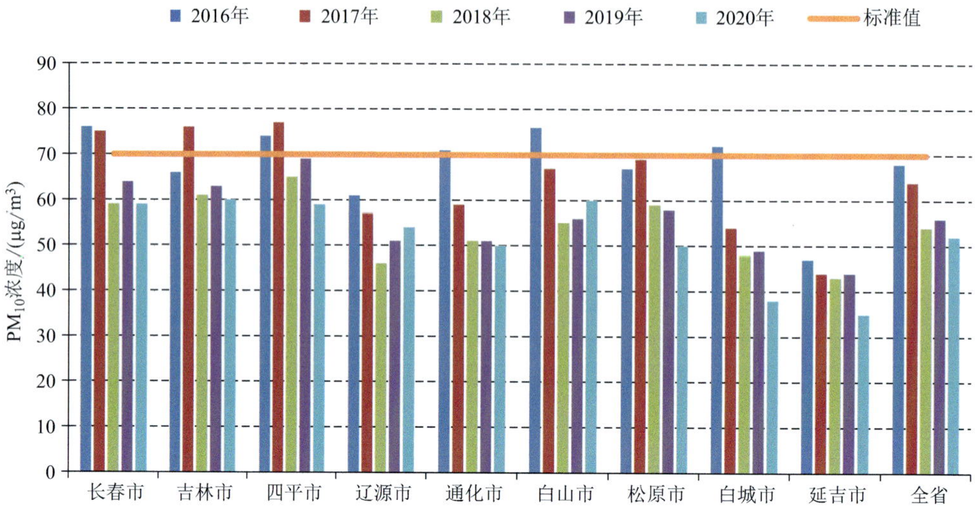

图 3.9　2016—2020 年全省及各城市 PM_{10} 年均浓度变化

3.2.6　细颗粒物($PM_{2.5}$)

2016—2020 年，全省细颗粒物($PM_{2.5}$)年均浓度在 31～41 μg/m³，2016 年、2017 年未达到国家二级标准限值要求。各城市 $PM_{2.5}$ 年均浓度在 21～50 μg/m³，各年达标比例分别为 22.2%、44.4%、77.8%、55.6%、66.7%(图 3.10)。各城市 γ_s 在 −1.000～−0.250，通化市、白山市、延吉市和白城市 $PM_{2.5}$ 浓度呈现下降趋势，其他城市基本无变化。

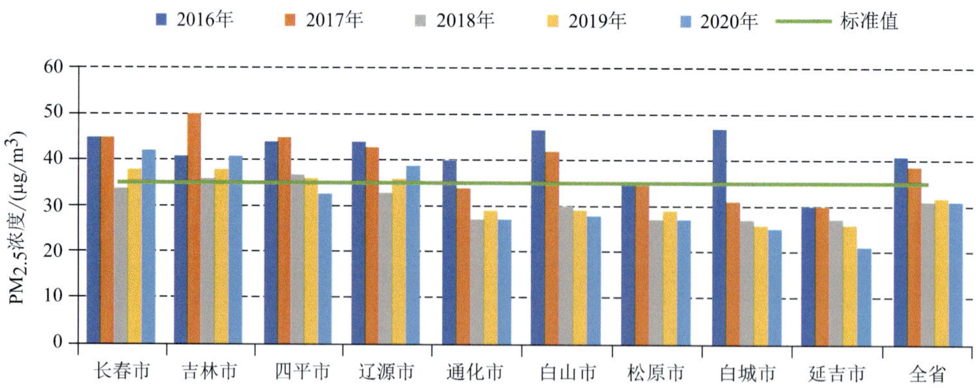

图 3.10　2016—2020 年全省及各城市 $PM_{2.5}$ 年均浓度变化

3.3　采暖期和非采暖期环境空气质量对比

3.3.1　采暖期和非采暖期环境空气质量类别对比

从图3.11可以看出，2016—2020年吉林省非采暖期空气质量明显优于采暖期。采暖期空气质量优良比例在73.8%～88.4%，非采暖期空气质量优良比例均在91.9%～94.6%。采暖期重度及以上污染天数比例范围为0.5%～2.6%，非采暖期重度及以上污染天数比例范围为0.1%～0.7%。从趋势上看，2018—2020年采暖期空气质量比前两年明显提升。

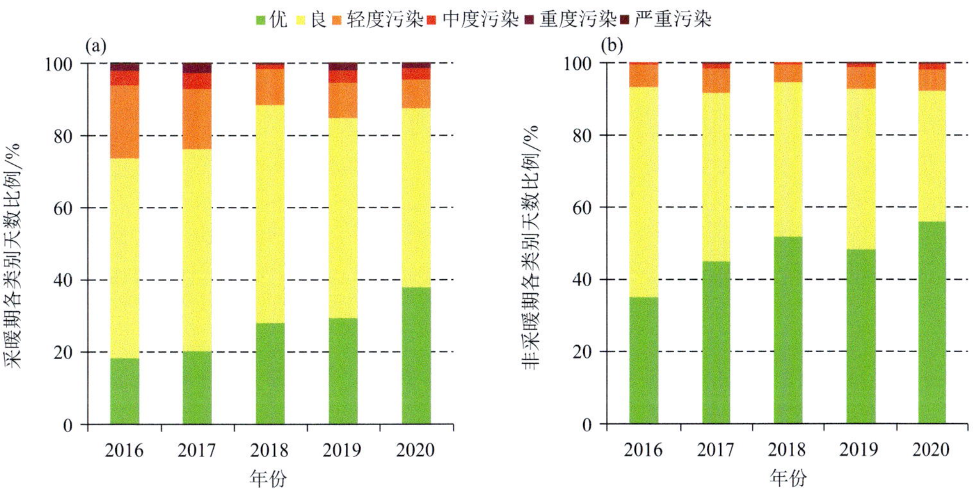

图3.11　2016—2020年吉林省采暖期(a)和非采暖期(b)空气质量类别变化

3.3.2　采暖期和非采暖期达标天数对比

2016—2020年，吉林省非采暖期空气质量达标天数比例高于采暖期。期间全省采暖期[①]达标天数比例为73.8%～88.4%；非采暖期[②]达标天数比例为91.9%～94.6%（图3.12）。

3.3.3　采暖期和非采暖期污染物浓度对比

吉林省"十三五"期间采暖期达标天数比例均低于非采暖期，重度及以上污染天数比

---

① 采暖期为1月1日—4月6日和10月20日—12月31日。

② 非采暖期为4月7日—10月19日。

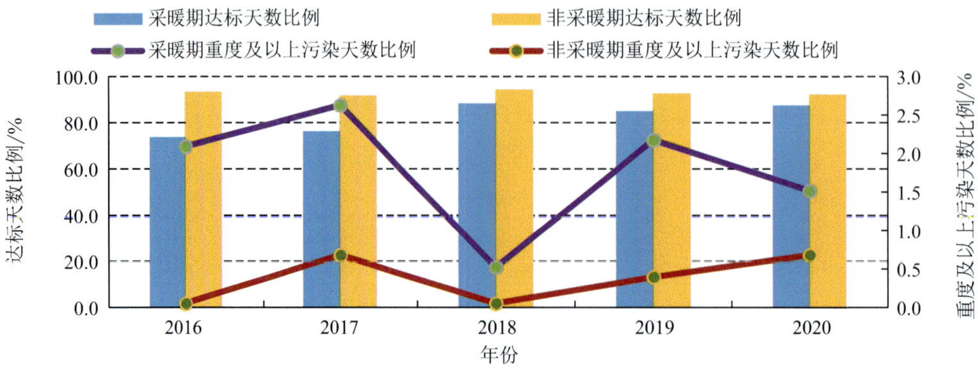

图 3.12　2016—2020 年吉林省采暖期和非采暖期环境空气质量状况变化

例均高于非采暖期，提升全省达标天数比例，同时控制重度及以上天数比例，重点在于采暖期污染控制。

2016—2020 年，全省采暖期 5 项污染物（SO_2、NO_2、CO、$PM_{2.5}$、PM_{10}）的平均浓度均高于非采暖期；O_3 平均浓度为非采暖期高于采暖期（图 3.13）。

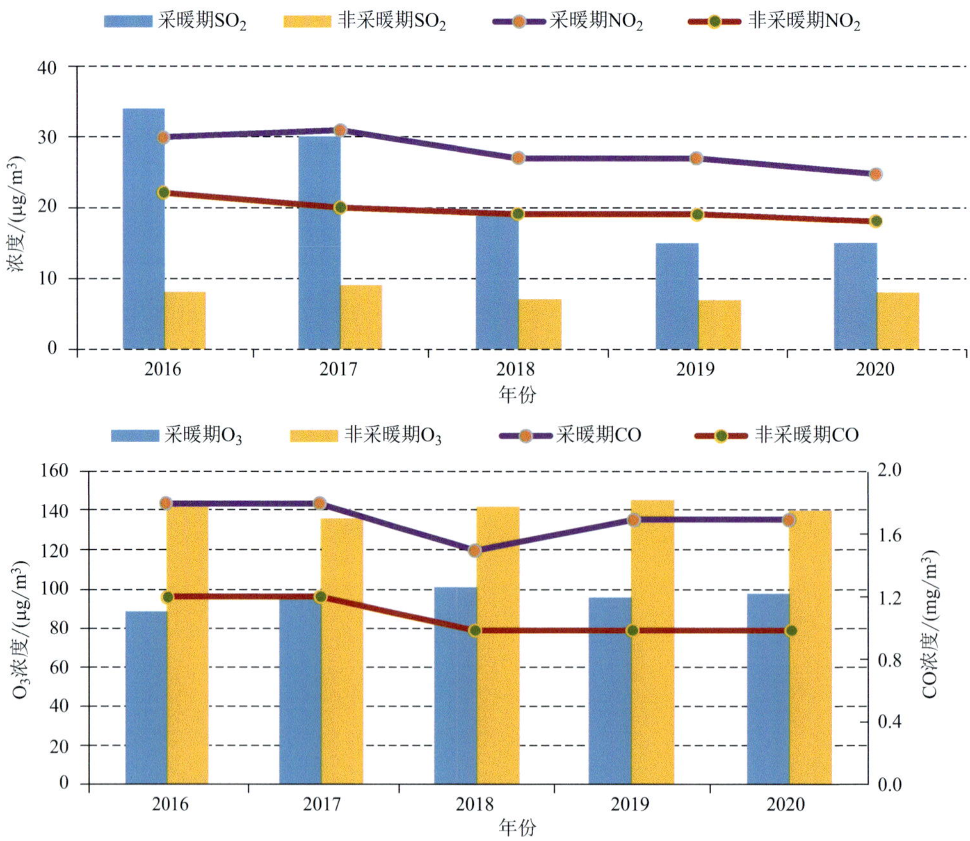

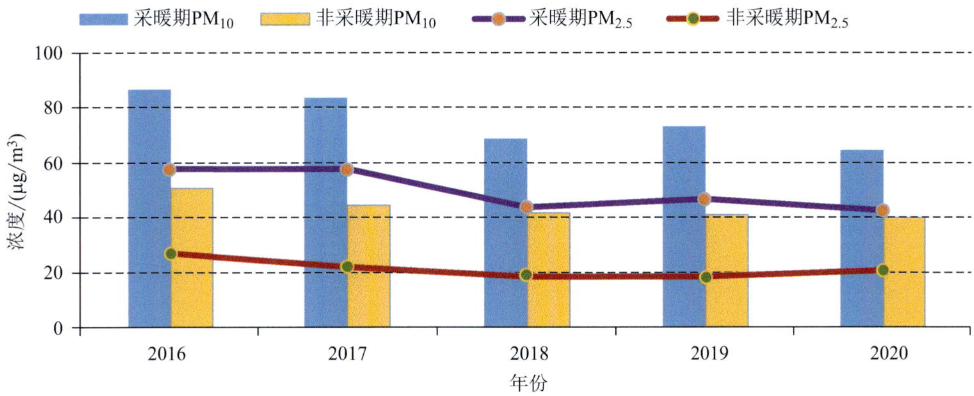

图 3.13 2016—2020 年吉林省采暖期和非采暖期污染物浓度变化

第4章 吉林省大气污染排放及主要城市大气环境容量

某一地域的空气质量主要由两方面决定：一是污染源的排放及分布状况；二是大气对污染物的扩散稀释能力。污染源的状况随季节、时间、地理环境、地域经济发展而变化，是造成空气污染的根本原因。在污染物已经具备的条件下，大气对污染物的扩散能力是形成空气污染的直接原因。大气扩散的理论和试验研究表明，在不同的气象条件下，同一污染源排放所造成的空气污染物浓度可相差几十乃至几百倍（吴兑 等，2001），这正是大气对污染物的稀释、扩散能力随着气象条件的不同而发生变化的缘故。气象条件如风速、降水、温度、湿度、逆温、大气层结和混合层高度等对污染物的扩散、分布、稀释、迁移、转化等均会产生影响。

4.1 吉林省大气污染排放源及排放量总体情况

根据吉林省生态环境厅公布的吉林省第二次全国污染源普查结果，2017 年吉林省大气污染物排放量为：二氧化硫 15.70 万 t，氮氧化物 41.81 万 t，颗粒物 53.24 万 t，挥发性有机物 20.62 万 t。包含工业污染源（以下简称“工业源”）、农业污染源（以下简称“农业源”）、生活污染源（以下简称“生活源”）、移动源等。

工业源大气污染物排放量：二氧化硫 10.32 万 t，氮氧化物 11.20 万 t，颗粒物 33.08 万 t，挥发性有机物 6.24 万 t。其中二氧化硫排放量位居前 3 位的行业：电力、热力生产和供应业 5.28 万 t，黑色金属冶炼和压延加工业 1.19 万 t，非金属矿物制品业 1.10 万 t。上述 3 个行业合计占工业二氧化硫排放量的 73.35%。氮氧化物排放量位居前 3 位的行业：电力、热力生产和供应业 5.82 万 t，黑色金属冶炼和压延加工业 1.58 万 t，非金属矿物制品业 1.44 万 t。上述 3 个行业合计占工业氮氧化物排放量的 78.93%。颗粒物排放量位居前 3 位的行业：非金属矿物制品业 6.34 万 t，电力、热力生产和供应业 6.26 万 t，黑色金属冶炼和压延加工业 6.17 万 t。上述 3 个行业合计占工业颗粒物排放量的 56.74%。挥发性有机物排放量位居前 3 位的行业：化学原料和化学制品制造业 3.24 万 t，通用设备制造业 0.59 万 t，汽车制造业 0.52 万 t。上述 3 个行业合计占工业挥发性有机物排放量的 69.71%。

生活源大气污染物排放量：二氧化硫 5.38 万 t，氮氧化物 3.11 万 t，颗粒物 19.44 万 t，挥发性有机物 7.72 万 t。

移动源大气污染物排放量：氮氧化物 27.50 万 t，颗粒物 7238.16 t，挥发性有机物 6.66 万 t。其中机动车污染源大气污染物排放量：氮氧化物 15.22 万 t，颗粒物 2974.31 t，挥发性有机物 5.38 万 t。非道路移动污染源大气污染物排放量：氮氧化物 12.28 万 t，颗粒物 4263.85 t，挥发性有机物 1.28 万 t。

垃圾焚烧和危险废物（医疗废物）焚烧废气污染物排放量：二氧化硫 9.58 t，氮氧化物 24.93 t，颗粒物 2.59 t。

从上述数据可以看出，颗粒物排放来源主要为工业源和生活源，这两项占全部颗粒物的 98.65%。

2017 年年末，吉林省工业企业或产业活动单位 2.57 万个。工业源数量居前 5 位的地区：长春市 0.71 万个，吉林市 0.51 万个，四平市 0.27 万个，延边朝鲜族自治州 0.19 万个，松原市 0.18 万个，上述 5 个地区合计占工业源普查对象总数的 72.37%。工业源普查对象数量居前 3 位的行业：农副食品加工业 0.34 万个，非金属矿物制品业 0.31 万个，金属制品业 0.18 万个，上述 3 个行业合计占工业源普查对象总数的 32.30%。

生活源普查对象 1.46 万个。其中行政村 0.86 万个，非工业企业单位锅炉 3738 个，储油库 20 个，加油站 2280 个。城镇居民生活源以城市市区、县城（含建制镇）为基本调查单元。

移动源包括机动车和非道路移动源。2017 年年末，统计汇总机动车保有量 478.85 万辆，工程机械保有量 7.60 万台，农业机械柴油总动力 3011.44 万千瓦，铁路内燃机车燃油消耗量 29.72 万 t，民航飞机起降架次 10.71 万次。

2017 年，吉林省秸秆产生量为 3868.58 万 t，秸秆可收集资源量 3438.03 万 t，秸秆利用量 2625.68 万 t。

4.2 长春市大气污染排放源及排放量总体情况

根据长春市生态环境局公布的第二次全市污染源普查结果，2017 年长春市大气污染物排放量为：二氧化硫 2.99 万 t，氮氧化物 7.68 万 t，颗粒物 12.33 万 t，挥发性有机物 4.86 万 t（工程机械污染物排放量未计入统计）。

工业源大气污染物排放量：二氧化硫 1.71 万 t，氮氧化物 2.47 万 t，颗粒物 7.29 万 t，挥发性有机物 1 万 t。其中二氧化硫排放量位居前 3 位的行业：电力、热力生产和供应业排放量为 1.15 万 t，非金属矿物制品业排放量为 0.23 万 t，食品制造业排放量为 0.08 万 t。上述 3 个行业合计占工业源二氧化硫排放量的 85.38%。氮氧化物排放量位居前 3 位的行业：电力、热力生产和供应业排放量为 1.75 万 t，非金属矿物制品业排放量为 0.27 万 t，食品制造业排放量为 0.1 万 t。上述 3 个行业合计占工业源氮氧化物排放量的 85.83%。颗粒物排放量位居前 3 位的行业：农副产品加工业排放量为 1.65 万 t，非金属矿物制品业排放量为 1.57 万 t，电力、热力生产和供应业排放量为 1.34 万 t。上述 3 个行业合计占工业源颗粒物排放量的 62.55%。挥发性有机物排放量位居前 3 位的行业：汽车制造业排放量为 0.47 万 t，印刷和记录媒介复制业排放量为 0.17 万 t，铁路船舶、航空航天和其他运输设备排放量为 0.09 万 t。上述 3 个行业合计占工业源挥发性有机物排放量的 73.00%。

生活源大气污染物排放量：二氧化硫 1.28 万 t，氮氧化物 0.83 万 t，颗粒物 4.95 万 t，挥发性有机物 2.09 万 t。

移动源大气污染物排放量(工程机械污染物排放量未计入统计)：氮氧化物 4.38 万 t，颗粒物 0.09 万 t，挥发性有机物 1.77 万 t。

垃圾焚烧、危险废物(医疗废物)焚烧废气污染物排放量：二氧化硫 1.65 t，氮氧化物 7.2 t，颗粒物 0.6 t。

2017 年，长春市工业企业或产业活动单位 7131 个。工业源数量居前 5 位的地区：九台区 1072 个，农安县 920 个，德惠市 838 个，绿园区 642 个，榆树市 615 个。上述 5 个地区合计占工业源普查对象总数的 57.31%。工业源数量居前 3 位的行业：农副食品加工业 806 个，非金属矿物制品业 725 个，汽车制造业 669 个。上述 3 个行业合计占工业源普查对象总数的 30.85%。

生活源普查对象 3630 个。其中行政村 1667 个，非工业企业单位锅炉 1416 个，储油库 6 个，加油站 541 个。

移动源包括机动车和非道路移动源。统计汇总机动车保有量 151.22 万辆，农业机械柴油总动力 664.02 万千瓦，民航飞机起降架次合计 86041 次。

秸秆产生量为 1048.46 万 t，秸秆可收集资源量 932.54 万 t，秸秆利用量 914.34 万 t。

4.3 秸秆焚烧对空气质量的影响

农作物秸秆燃烧释放的气态污染物和颗粒物对局地和区域空气质量有较大影响。钟方潜等(2017)利用 WRF-Chem 模式，对 2015 年 6 月 10 日 08 时和 2015 年 9 月 30 日 08 时起的 72 h 发生在淮河流域的两次农作物秸秆大面积露天焚烧过程进行了模拟研究。通过有无火点两组试验分析了此次秸秆焚烧对流域内河南、山东、江苏和安徽 4 省 83 座城市 CO、PM_{10}、$PM_{2.5}$ 和 O_3 浓度的定量影响。结果表明，融合 NCAR-FINN 火点排放资料的 WRF-Chem 模式较好地再现了此次秸秆焚烧及火点烟羽扩散过程。同时结合 EDGAR-HTAP 人为源和 MEGAN 生物源的 WRF-FIRE 对流域内城市大气污染物的模拟效果较为理想，尤其是对秸秆焚烧释放的污染物 CO、PM_{10} 和 $PM_{2.5}$ 及其产生的二次污染物 O_3 浓度的模拟。秸秆焚烧所释放的污染物造成流域内城市一次污染物 CO、PM_{10} 和 $PM_{2.5}$ 浓度增加，火点中心和下风向城市增幅最为明显，最大小时浓度增幅达到 3 倍标准差。气态污染物 CO 和相比 PM_{10} 粒径更小的 $PM_{2.5}$ 可随风扩散至更远的地区，对城市浓度影响更大。此外，秸秆焚烧也使得火点中心城市和下风向城市二次污染物 O_3 浓度增加，但小时浓度增幅极值区分布在火点下风向烟羽末端太阳光照充足的地区，最大小时浓度增幅接近 3 倍标准差。秸秆焚烧对区域城市空气质量的影响存在明显的空间分布差异，且对城市各大气污染成分的影响也不相同。

吉林省是农业大省，在秋收期结束后或春播开始前一些农民会对秸秆进行焚烧处理。从吉林省气象科学研究所利用卫星遥感数据监测的秸秆焚烧情况来看，2015 年 11 月 2 日 13 时 06 分及 3 日 12 时 55 分，吉林省中西部有很多秸秆焚烧点，白城、松原、长春、四平、辽源、吉林和通化市北部的大部分区域被烟雾覆盖(图 4.1)。

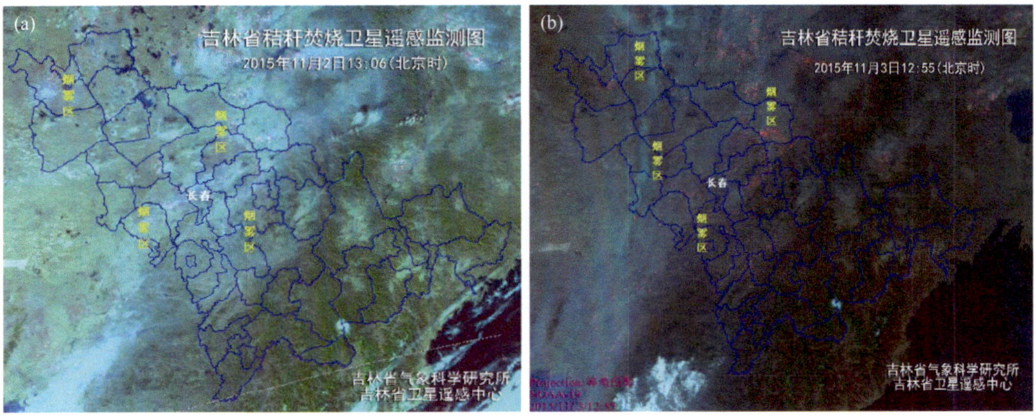

图 4.1　2015 年 11 月 2 日 13 时 06 分(a)及 11 月 3 日 12 时 55 分(b)卫星遥感影像

(红色斑点为秸秆焚烧点，焚烧点附近及上空淡青色区域为烟雾区)

受秸秆焚烧及空气质量扩散条件影响，吉林省中西部空气质量明显下降。11 月 2 日，白城、松原、四平、吉林、辽源均出现重度污染，长春出现严重污染，11 月 3 日，白城、四平、吉林、辽源重度污染，松原、长春严重污染；从图 4.2 和图 4.3 可以看出，11 月 1 日

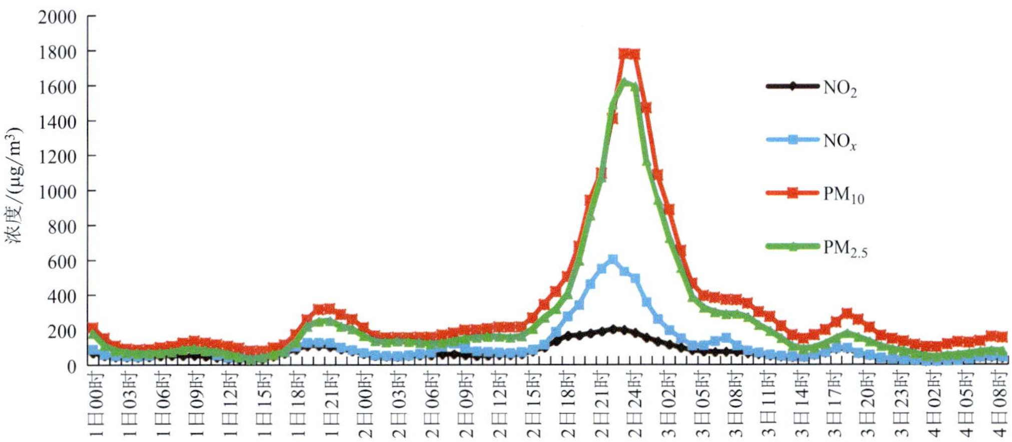

图 4.2　2015 年 11 月 1—4 日长春市 $PM_{2.5}$、PM_{10}、NO_2、NO_x 逐时浓度

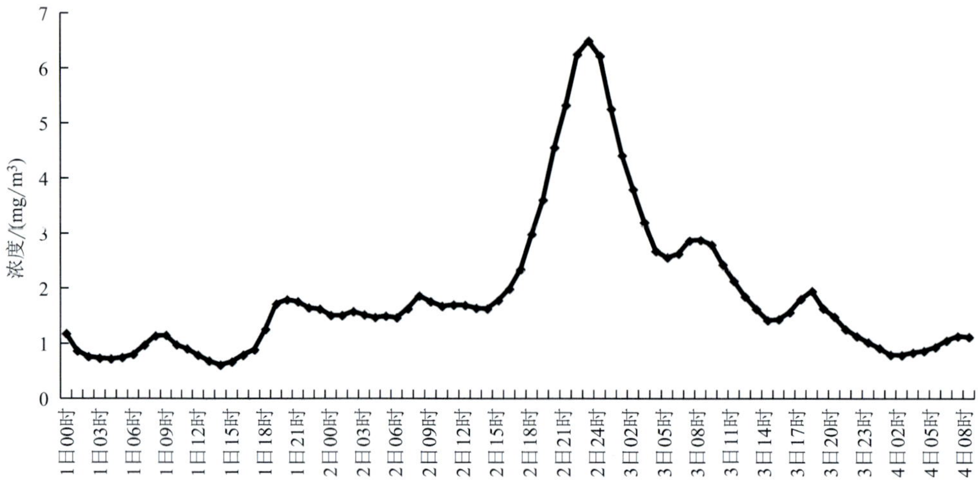

图 4.3　2015 年 11 月 1—4 日长春市 CO 逐时浓度

早晨到 17 时前，长春空气质量以良到轻度污染为主，1 日 18 时开始污染物浓度加大，21 时达到第一个高峰，之后开始有所下降，2 日 07 时后逐渐增加，15 时后 $PM_{2.5}$、PM_{10}、NO_2、NO_x、CO 浓度均开始快速上升，22 时氮氧化物浓度达到最高峰，NO_2 浓度为 205 $\mu g/m^3$，NO_x 浓度为 607 $\mu g/m^3$；23 时颗粒物浓度和 CO 浓度达到最高峰，其中 $PM_{2.5}$ 为 1622 $\mu g/m^3$，PM_{10} 为 1784 $\mu g/m^3$，CO 为 6.49 mg/m^3。

4.4　燃放烟花爆竹对空气质量的影响

燃放烟花爆竹对空气质量影响较大。操晚等(2018)对烟花爆竹燃放对天津市空气质量的影响进行了研究，发现元宵节期间燃放烟花爆竹排放和区域污染叠加导致天津市空气质量进一步恶化，呈现复合型污染的特征。春节是我国的传统节日，在除夕夜燃放烟花爆竹辞旧迎新的习俗从古代流传至今。因此，在不进行管控的情况下，除夕夜会燃放大量烟花爆竹。对吉林省各城市 2015 年 2 月 19 日(初一)、2016 年 2 月 8 日(初一)、2017 年 1 月 28 日(初一)的空气质量进行分析(表 4.1)，发现 2015 年初一有 4 个城市空气质量中度污染、2 个城市重度污染，辽源出现严重污染，AQI 达到 308；2016 年初一空气质量中度污染城市 1 个，重度污染城市 2 个，松原出现严重污染，AQI 达到 308；2017 年初一，中西部地区在禁止燃放烟花爆竹管控下，空气质量比前两年初一有明显好转，白城、长春、四平、吉林空气质量都为良好，而东南部地区空气质量明显偏差，辽源、白山为重度污染，通化出现严重污染，AQI 达到 347。

表 4.1　2015—2017 年大年初一吉林省各城市空气质量

日期	空气质量	白城	松原	长春	四平	吉林	辽源	通化	白山	延吉
2015 年 2 月 19 日	AQI	87	208	185	252	172	308	191	197	52
	等级	2	5	4	5	4	6	4	4	2
	首要污染物	PM_{25}	$PM_{2.5}$	$PM_{2.5}$	$PM_{2.5}$	$PM_{2.5}$	$PM_{2.5}$	$PM_{2.5}$	$PM_{2.5}$	$PM_{2.5}$
2016 年 2 月 8 日	AQI	143	308	140	131	106	152	252	290	137
	等级	3	6	3	3	3	4	5	5	3
	首要污染物	$PM_{2.5}$	$PM_{2.5}$	$PM_{2.5}$	$PM_{2.5}$	$PM_{2.5}$	$PM_{2.5}$	$PM_{2.5}$	$PM_{2.5}$	$PM_{2.5}$
2017 年 1 月 28 日	AQI	76	190	100	96	92	217	347	277	184
	等级	2	4	2	2	2	5	6	5	4
	首要污染物	$PM_{2.5}$	$PM_{2.5}$	$PM_{2.5}$	$PM_{2.5}$	$PM_{2.5}$	$PM_{2.5}$	$PM_{2.5}$	$PM_{2.5}$	$PM_{2.5}$

4.5　吉林省主要城市大气环境容量

随着社会经济的发展和城市化进程的加快，人类活动会排放大量污染物，导致大气环境污染形势严峻，部分经济活动密集地区空气污染问题日益严重。空气质量受自然和人为因素共同作用，当外界污染物排放量比较稳定时，空气污染的程度和变化特征主要取决于气象因素，研究表明，逆温、低压、高湿、弱风、稳定大气层结、低混合层厚度和弱降水等气象条件容易造成污染物堆积。大气环境容量是在给定的空间和时间范围内，大气污染物平均浓度不超过大气质量标准的条件下，可以向该空间内排放的污染物的总量。大气环境容量估算方法主要包括 A-P 值法、大气扩散模型、多源模型法等计算模型。模型法多存在计算过程复杂、参数多、约束条件繁杂等特点，准确估算区域的大气环境容量难度很大。20 世纪 80 年代末期，徐大海等(1993)给出了大气环境容量的定义及区域总量控制(A 值法) 计算公式。1991 年 8 月 31 日，《制定地方大气污染物排放标准的技术方法》(GB/T 3840—91)颁布，A 值法被规定用于计算控制区污染物排放总量的限值。徐大海等(2013)将“足迹”(footprint) 的概念引入大气环境承载力的定量分析中，从环境承载力的概念导出了大气承载力的概念，并将其与大气环境容量和允许排放总量作了概念上的异同分析。许启慧等(2017)根据前人研究，简化了 A 值计算过程。

吉林省地形复杂多变，各地经济发展速度不一。受城市化进程加快、秸秆焚烧、采暖期长及周边大气污染输送的影响，霾日数急剧增加，污染天气明显增多，大气污染防治形势严峻。大气环境容量综合考虑风速、降水量、稳定度、混合层厚度等气象条件，能够反映一个地区大气承载能力的属性，研究吉林省主要城市大气环境容量，对大气污染防治及合理规划城市有重要意义。秦玉琳等(2019)对吉林省主要城市大气环境容量特征进行了研究分析，主要方法和结论如下。

4.5.1 资料和方法

4.5.1.1 资料

由于吉林省空气质量预报目前主要在9个城市展开，因此，选取吉林省白城市、松原市、长春市、四平市、辽源市、吉林市、通化市、白山市、延吉市观测资料进行分析，观测资料包括1971—2017年逐小时降水量，逐日4个时次（02、08、14、20时）风速、低云量、总云量等。由于2014年起全面取消夜间天气现象观测，2014年起02时总云量和低云量均为缺测，因此，02时分析均到2013年。其中白山市气象站建站较晚，观测数据从1981年开始。

对所分析的时段进行划分，全年（1—12月）、春季（3—5月）、夏季（6—8月）、秋季（9—11月）、冬季（12月—次年2月）、主要采暖期（11月15日—次年3月15日）。在此基础上，对吉林省城市大气环境容量进行计算和分析。

4.5.1.2 方法

参考国家环境保护局颁布的《制定地方大气污染物排放标准的技术方法》（GB/T 3840—91）中有关大气污染物排放总量的估算方法，根据徐大海等（1993）、许启慧等（2017）的研究，采用长时间平衡条件下的简单箱模式，仅考虑通风稀释和雨洗作用，对气块体积内的大气污染物平衡方程进行简化，最终得到简化的大气环境容量计算公式：

$$Q = AC\sqrt{S}$$

$$A = 0.0031536 \times \left[\frac{\sqrt{\pi}}{2}V_E + \sqrt{S} \times (u_d + \omega_r \times R) \times 10^3\right]$$

式中：Q为大气环境容量（$\times 10^4$ t/a）；C为大气污染物标准浓度，这里取$PM_{2.5}$标准浓度限值75 μg/m³；S为区域面积（km²）；A为大气环境容量系数（$10^4 km^2/a$）；V_E代表通风量（m²/s），根据徐大海等（1993）的研究由混合层厚度和风速经过计算得到；u_d为干沉积速度（m/s）；R为降水率，将公式中原有的年降水量进行系数和单位的订正，取降水率单位为mm/h；ω_r代表清洗比，无量纲，根据前面降水率的修改进行调整，取为0.17。

大气环境容量计算公式中并无排放源的配置参数，体现的是区域大气的自然属性，主要取决于区域的降水量、通风量和面积，而通风量与混合层厚度和风速有关。

混合层是湍流特征不连续界面以下湍流较充分发展的大气层，其厚度就是混合层厚度，厚度越大，越有利于污染物的扩散和稀释。大气混合层厚度的确定有国标法、罗氏法、干绝热法等，干绝热法需要使用探空资料，因吉林省仅有3个探空站，为了解吉林省大气容量的分布情况，采用国标法仅需利用地面常规气象观测资料，包括太阳高度角、云量（总云量、低云量）和风速，由公式计算出混合层厚度，时效性和简便性较高。一些学者也分别采用国标法对上海、西安和乌鲁木齐等地的大气稳定度和混合层厚度进行了分析。

根据 GB/T 3840—91 附录 B 和 E 中对计算大气稳定度和混合层厚度的规定，首先计算出太阳高度角，根据太阳高度角查表得到太阳辐射等级数，再根据太阳辐射等级数与地面风速，查表得到大气稳定度等级。按照国标，采用 Pasquill 法中的稳定度等级分类法，对大气稳定度进行等级分类。这里把大气稳定度分为 3 类，即不稳定类(强不稳定、不稳定、弱不稳定)、中性类和稳定类(较稳定和稳定)。根据大气稳定度选取相应的计算公式，综合 10 m 风速，得到混合层厚度。

4.5.2 大气稳定度特征

统计吉林省 9 个城市 1971—2017 年 02、08、14、20 时次各类稳定度累计出现频率，由图 4.4a 可见，02 时和 20 时以稳定类为主，达到总次数的 2/3，中性类为 1/3，没有不稳定类；08 和 14 时以中性类为主，不稳定类次之，稳定类很少，特别是 14 时，仅有 0.01%。逐月的变化情况也有明显的特征，如图 4.4b 所示，稳定类从 1 月最高达到 51.4%，之后开始逐渐减少，到 6 月、7 月最少，之后开始明显增加，这也表明冬季稳定类较多，采暖期以稳定层结为主；而不稳定类主要集中在 3—10 月，其中 8 月、9 月最大，超过 25%。总体而言，春、夏、秋季以中性层结为主，稳定层结次之，冬季以稳定层结为主，中性层结次之，不稳定层结在各月发生都最少。

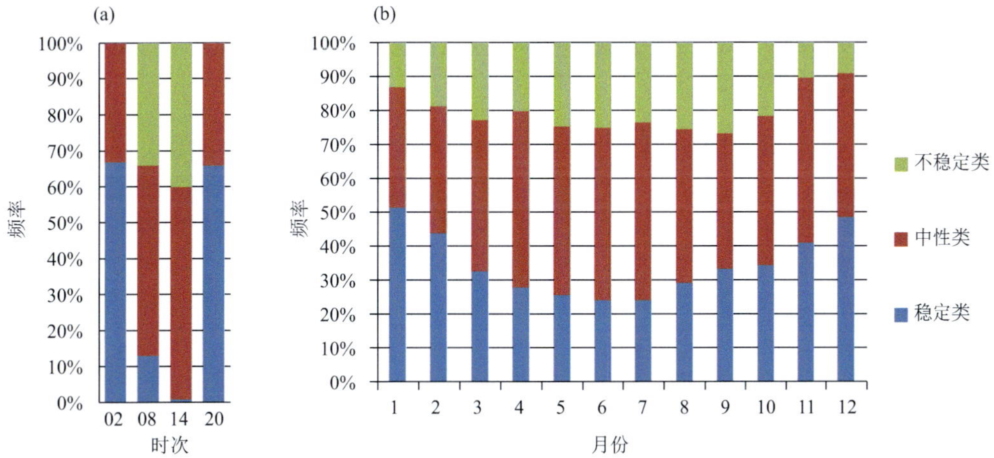

图 4.4 各类稳定度 4 个时次(a)和逐月(b)出现频率分布情况

对于各城市而言，稳定度以中性类为最多，长春频率最高，占 50%，其他城市都超过 40%，稳定类次之，各城市都超过 30%，不稳定类最少，基本在 20%左右(表 4.2)。

表 4.2 1971—2017 年吉林省各城市各类稳定度出现的总频率 %

城市	稳定类	中性类	不稳定类
白城	38	42	20
松原	34	42	24

续表

城市	稳定类	中性类	不稳定类
长春	33	50	17
四平	36	44	20
辽源	34	43	22
吉林	31	49	19
通化	37	43	20
白山	30	47	23
延吉	36	46	18

4.5.3 混合层厚度特征

4.5.3.1 混合层厚度季节分布特征

根据国标法计算出混合层厚度。从混合层厚度的季节分布特征可以看出，春季混合层厚度最大，冬季最小，夏、秋季相差较小，主要因为春季大风天数较多，高低层湍流交换较明显，混合层厚度也比较大，冬季风速减小，稳定层结日数较多，混合层厚度明显减小（图 4.5）。

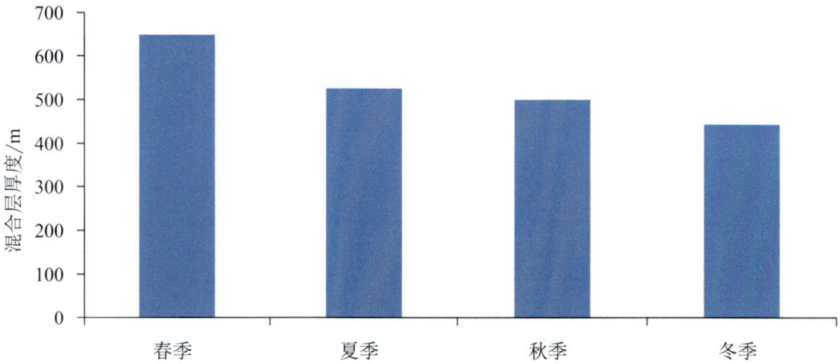

图 4.5 混合层厚度季节分布

4.5.3.2 混合层厚度年际变化特征

为了分析不同区域站不同时次混合层厚度的变化特征，特选取西部白城、中部长春、东南部通化进行分析。由图 4.6 可以看出，整体而言，4 个时次通化地区混合层厚度都明显小于白城和长春。3 个站 14 时混合层厚度都最大，08 时次之，白城和通化地区 02 时最小，20 时略高于 02 时，而长春地区 20 和 02 时基本一致，混合层厚度都很小。从混合层厚度变化趋势来看，基本以减小为主，但趋势大多不明显，特别是白城、长春在 02、20 时下降趋势更明显，大气混合层厚度明显下降。

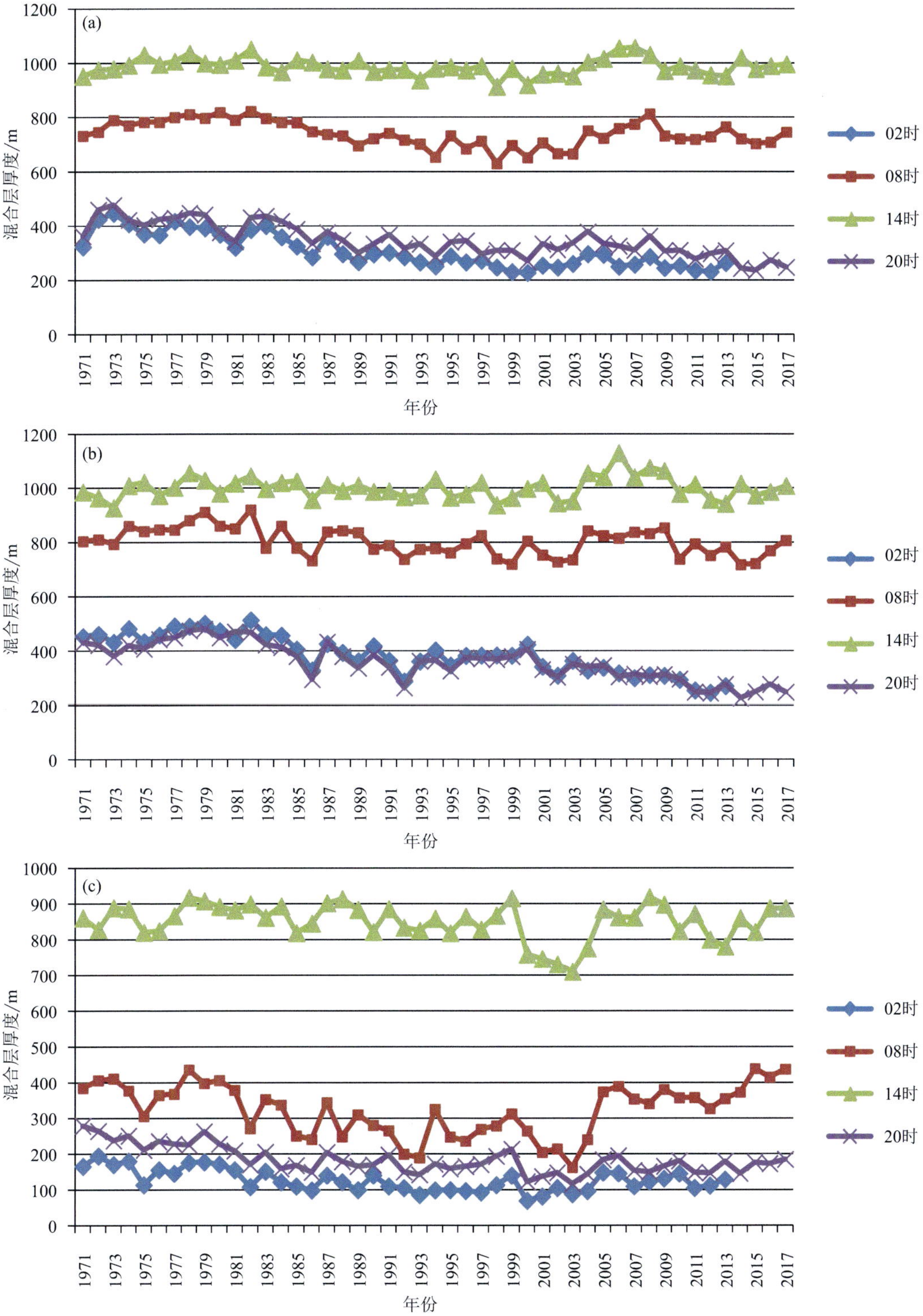

图 4.6 1971—2017 年吉林省特征城市混合层厚度变化

(a)白城;(b)长春;(c)通化

4.5.4 大气环境容量变化特征

4.5.4.1 大气环境容量气候值时空特征

选取 1981—2010 年 30 a 作为气候特征值的计算时间段，分别计算 9 个地级市站 4 个时次(02、08、14、20 时)和日均值的大气环境容量气候值，并做区域平均得到区域大气环境容量的区域平均气候值。从表 4.3 和表 4.4 发现，02、08、14、20 时和日均的大气环境容量气候值分别为 21.5 万、37.9 万、65.5 万、22.6 万和 38.3 万 t/a。一日中 14 时大气环境容量最大，表征大气环境容量的上限；02 和 20 时大气环境容量相差不大，大气环境容量都小；日均值处于最大、最小值之间，与 08 时大气环境容量最为接近。对于日均值来说，一年中春季大气环境容量最大，冬季最小，从春季到冬季逐渐减小，采暖期的大气环境容量大于冬季但小于秋季，主要与风力、大气稳定度有关。4 个时次中 08 和 14 时大气环境容量的季节分布与日均基本一致，而 02、20 时夏季大气环境容量最大，春季次之，冬季最小，采暖期略好于秋季、冬季，或与秋季持平。

表 4.3 1981—2010 年吉林省 02、08、14、20 时大气环境容量气候特征值 单位：万 t/a

	02 时			08 时			14 时			20 时		
	平均值	最大值	最小值	平均值	最大值	最小值	平均值	最大值	最小值	平均值	最大值	最小值
年	21.5	48.9	5.0	37.9	83.0	6.7	65.5	108.6	22.2	22.6	50.2	6.4
春季	25.6	76.8	4.5	51.1	103.2	7.6	75.6	121.4	26.5	27.2	71.9	7.0
夏季	27.0	71.2	6.7	47.8	108.3	9.7	65.6	123.8	24.0	29.3	76.4	7.6
秋季	18.2	57.1	2.1	32.3	85.6	2.5	63.6	110.1	20.0	18.2	51.4	2.7
冬季	15.0	51.9	1.1	19.8	66.3	2.1	57.0	104.3	14.0	15.4	42.3	1.9
采暖期	18.2	51.7	2.7	25.0	69.5	3.2	61.4	107.6	14.6	18.9	47.7	3.8

表 4.4 1981—2010 年吉林省日均大气环境容量气候特征值 单位：万 t/a

	日均值		
	平均值	最大值	最小值
年	38.3	69.3	10.3
春季	46.7	91.4	12.1
夏季	43.9	94.0	12.9
秋季	34.4	74.8	6.8
冬季	27.8	66.2	5.4
采暖期	32.0	68.1	6.1

全年大气环境容量的空间分布为中部长春、吉林、辽源明显大于其他区域，其中长春大气环境容量最大，通化最小；东部地区中通化大气环境容量最小，白山大气环境容量最大；西部地区白城最大，四平最小(图 4.7)。4 个时次与日均值的空间分布一致，14 时最大，02 和 20 时最小，东部地区 02 时大气环境容量低于 20 时，而中西部地区基本相反。

四季的大气环境容量地理分布情况与全年较为一致。对于采暖期，大气环境容量明显低于全年平均值，略高于冬季、略低于秋季，整体分布情况和全年基本一致，长春最大，吉林次之，通化最小。

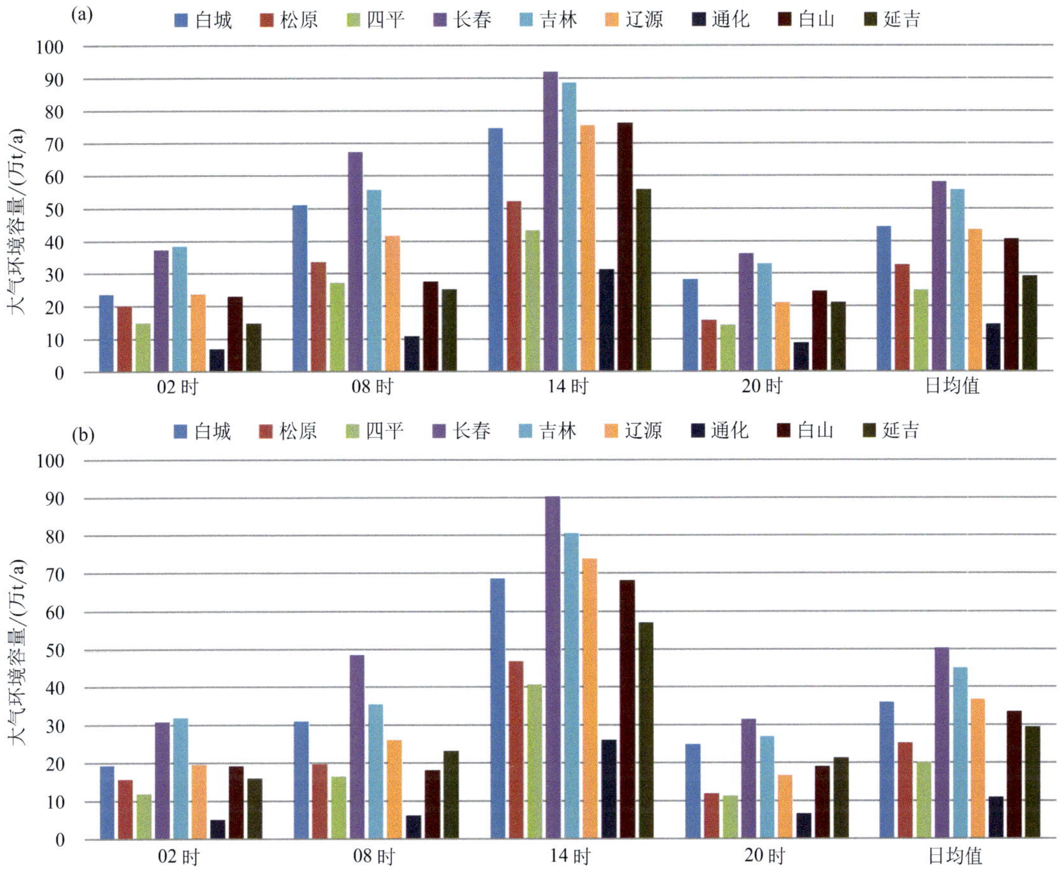

图 4.7　1981—2010 年吉林省各时次大气环境容量空间分布情况

(a)全年；(b)采暖期

4.5.4.2　大气环境容量时空变化特征

通过对气候特征值的分析可以发现，14 时是一日中大气环境容量最高的时间，能够表征大气环境容量上限的特征，后面的分析都选用 14 时数据。

分别对全省 9 个地区气象站大气环境容量的长期变化趋势进行分析，从图 4.8 可以看出，9 个地区大气环境容量都呈现下降趋势，延吉下降趋势最小，都没有通过显著性检验，而且相关系数基本在－0.1 以下，除延吉之外均通过显著性检验。对显著下降的站，全年而言，下降趋势最明显的是白山站，4 个站的相关系数大于或等于 0.7，辽源低于 0.55；对于各季节而言，大气环境容量的下降趋势基本要小于全年，不同的站其分季节下降趋势的大小有较大不同，白城、四平地区夏季下降趋势最明显，松原、长春、辽源、吉林、白山秋、冬季大气环境容量下降更明显，通化地区春季下降最明显。对于采暖期而言，白山下降趋势最明显，松原次之。

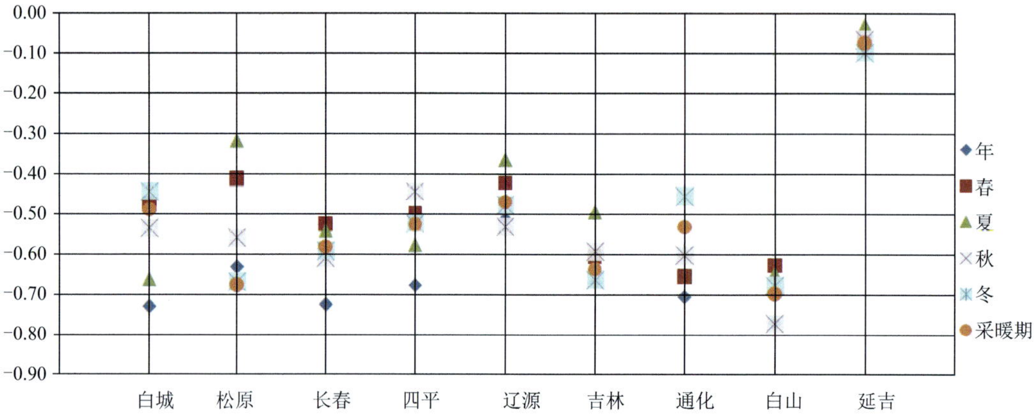

图 4.8 大气环境容量变化相关系数

根据以上分析，选取大气环境容量变化典型的站，并且位于吉林省不同的区域（中部长春站、西部白城站、东部通化站）进行年际变化分析。如图 4.9 所示，从 3 个典型站的时间趋势来看，年大气环境容量近 40 余年呈波动中缓慢下降的趋势，从 9 a 滑动平均曲线也能看出变化趋势基本是以下降为主。长春下降速率为 4.0 万 t/(10 a)，白城和通化分别为 2.8 万 t/(10 a)和 2.0 万 t/(10 a)，大气环境容量越大，其下降速度越快。四季和采暖期的大气环境容量年际变化特征与年大气环境容量的趋势基本一致。

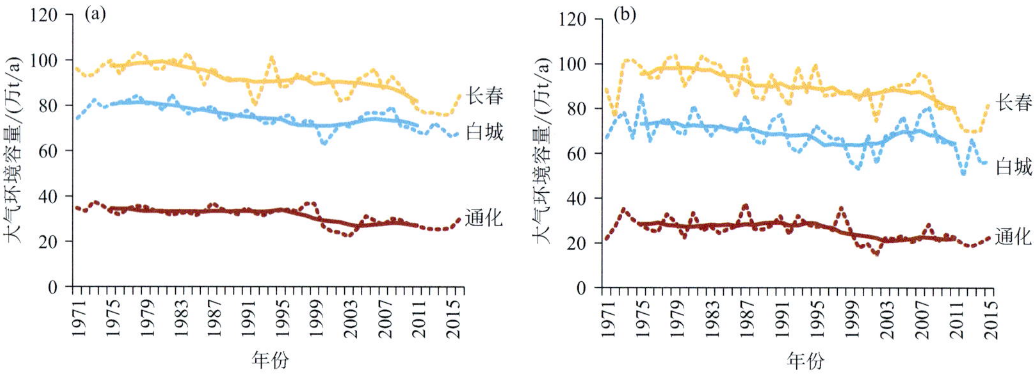

图 4.9 1971—2016 年大气环境容量逐年(虚线)和 9 a 滑动平均(实线)变化趋势

(a)全年;(b)采暖期

4.5.4.3 大气环境容量年代际特征

从 3 个典型站的年代际变化来看，20 世纪 70 年代大气环境容量都处于较高值，之后开始迅速降低，虽然从年际变化中可以看出一些波动，但是在年代际变化中基本以明显下降为主，到 2011 年后大气环境容量已经降到较低值，对污染物的承载能力明显下降，迫切需要减少排放（表 4.5）。

表 4.5 各年代典型站大气环境容量特征 单位:万 t/a

	白城	长春	通化
1971—1980 年	80.43	97.38	34.61
1981—1990 年	77.84	95.65	33.21
1991—2000 年	72.71	91.23	33.40
2001—2010 年	73.39	88.98	27.29
2011—2016 年	68.75	78.18	26.87

4.5.5 结论和讨论

利用国标法计算大气稳定度，进一步计算得到混合层厚度，在此基础上利用 A 值法得到大气环境容量，通过以上对大气稳定度、混合层厚度和大气环境容量的分析，得到以下结论。

(1)吉林省城市大气稳定度 02 和 20 时以稳定类为主，08 和 14 时以中性类为主，稳定类很少。总体而言，春、夏、秋季以中性层结为主，稳定层结次之，冬季和采暖期以稳定层结为主，中性层结次之，不稳定层结在各季发生都最少。

(2)各城市春季混合层厚度最大，这与春季大风天数较多有关，冬季最小。针对选取的代表站，4 个时次通化地区混合层厚度都要明显低于白城和长春；14 时混合层厚度都最大，08 时次之，20 和 02 时混合层厚度都很小。从混合层厚度变化趋势来看，基本以减小为主，白城、长春 02 和 20 时下降趋势更明显，大气混合层厚度明显下降。

(3)大气环境容量气候特征值中 14 时大气环境容量最大，表征大气环境容量的上限；02 和 20 时大气环境容量相差不大，大气环境容量都小。对于日均值来说，一年中春季大气环境容量最大，冬季最小，采暖期的大气环境容量大于冬季但小于秋季。全年大气环境容量的空间分布为中部明显大于其他区域，其中长春大气环境容量最大，通化最小。4 个时次与日均值的空间分布一致，14 时最大，02 和 20 时最小，东部地区 02 时大气环境容量低于 20 时，而中西部地区基本相反。

(4)全省 9 个地区气象站大气环境容量的长期变化趋势都呈现下降趋势，延吉下降趋势最小，其他均通过显著性检验。全年而言，下降趋势最明显的是白山站；对于各季节而言，大气环境容量的下降趋势基本要小于全年，不同的站其分季节下降趋势的大小有较大不同。从 3 个典型站的时间趋势来看，年大气环境容量近 40 余年呈波动中缓慢下降的趋势。长春下降速率为 4.0 万 t/(10 a)，白城和通化分别为 2.8 万 t/(10 a)和 2.0 万 t/(10 a)，大气环境容量越大，其下降速率越快。四季和采暖期的大气环境容量年际变化特征与年大气环境容量的趋势基本一致。

(5)从 3 个典型站的年代际变化来看，20 世纪 70 年代大气环境容量最高，2011—2016 年大气环境容量已经降到较低值，对污染物的承载能力明显下降。

第5章 吉林省大气污染与气象条件的关系

5.1 大气污染物与气象条件的关系

气象条件如风速、降水、温度、湿度、逆温、大气层结和混合层高度等，对污染物的扩散、分布、稀释、迁移、转化等均会产生影响。较小的风速、较大的湿度、逆温、大气层结稳定、较低的边界层高度是污染过程长时间持续的重要条件；而强冷空气则有利于污染物扩散和清除，明显的降水也有利于湿沉降。

5.1.1 风向风速

5.1.1.1 风向的输送作用

风力条件是大气水平输送和扩散能力的重要指标，是造成污染物快速水平输送或平流的主要原因。大气中的污染物在风的作用下，会被输送到其他地区，风速越大，单位时间内污染物被输送的距离越远；风对污染物水平输送的同时也有稀释作用。

于杰等(2021)对2019年1月长春市一次霾污染过程成因进行了分析，发现重污染期间长春市低层有弱西南气流，有利于将上游污染物输送至长春市，造成霾污染加剧。并用HYSPLIT模型分析了2019年1月13日08时长春市大气污染物的后向轨迹(48 h后向轨迹，图5.1)，发现长春地区200 m和500 m高度处的气团来源于辽宁和河北，而1000 m处的高空气团则来源于内蒙古，说明此次霾污染事件除本地源排放外还有外来输送的贡献。

马梁臣等(2018)对2015年2月22日长春市的一次PM_{10}重污染天气进行了分析，并利用HYSPLIT模型模拟追踪污染质点后向72 h轨迹，发现500 m高度污染物质点轨迹的源地分布在蒙古国、贝加尔湖以东和我国的内蒙古(图5.2)。进入前24 h，污染物的输送速度非常快，输送路径先向南输送到我国内蒙古和辽宁北部，后转向东北向长春市区输送。1000 m和1500 m的高度轨迹输送路径较为一致，均来自西北方，经过长距离输送到长春。3条路径在前12 h趋于一致，经由辽宁北上到长春。这次污染过程，是由污染源地输送到长春市的。

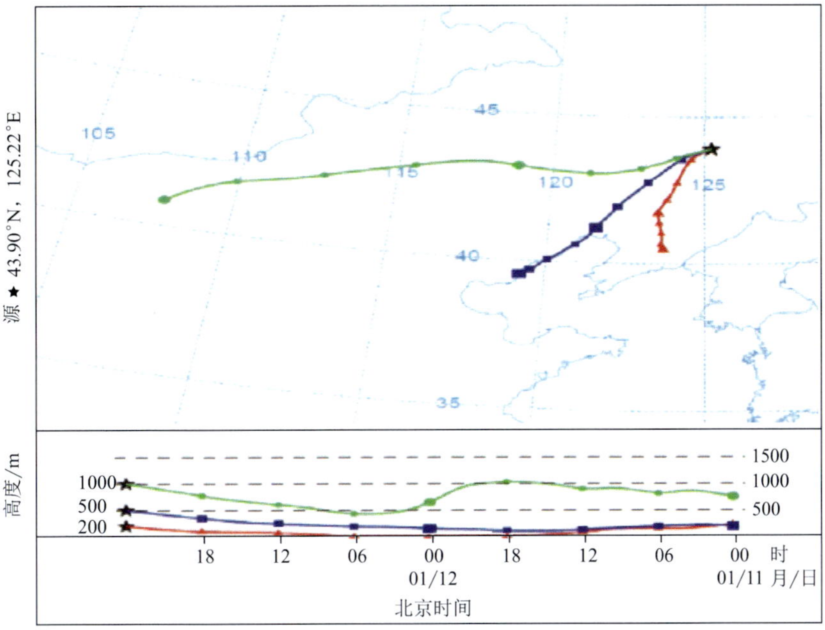

图 5.1　2019 年 1 月 13 日长春市 48 h 后向轨迹模拟(于杰 等,2021)

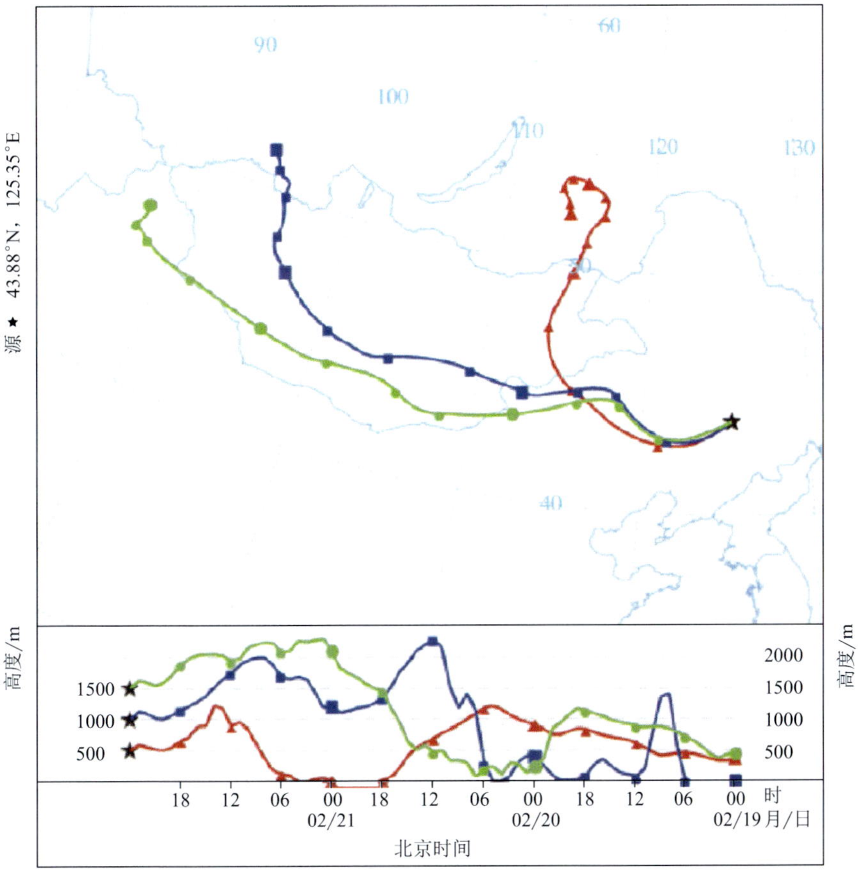

图 5.2　2015 年 2 月 22 日长春市 72 h 后向轨迹模拟(马梁臣 等,2018)

5.1.1.2 风速与空气质量的关系

在城市污染源排污速率不变时，静风和低风速易造成严重的大气污染。风速的大小直接影响空气中污染物的冲淡、稀释速度（周淑贞 等，1991）。下面着重分析风速与吉林省主要城市空气质量的关系。

对2015—2017年吉林省白城、松原、长春、四平、辽源、吉林、通化、白山、延吉9个城市空气质量等级与日平均风速关系进行分析，发现总体来说，空气质量在1～5级时，风速越大，空气质量越好。空气质量为优或良（1级或2级）时，平均风速为2.8 m/s或2.5 m/s；空气质量为轻度污染（3级）时，平均风速为2.5 m/s；空气质量为中度污染（4级）时，平均风速为2.3 m/s；空气质量为重度污染（5级）时，平均风速为2.0 m/s；空气质量为严重污染时，平均风速为3.9 m/s，高于空气质量优时的平均风速。

进一步分析采暖期和非采暖期空气质量等级与平均风速的关系（图5.3a），发现采暖期空气质量在4级以下时，空气质量越好，平均风速越大，空气质量为1级时，平均风速为3.3 m/s，空气质量为2级时，平均风速为2.5 m/s，空气质量为3级时，平均风速为2.0 m/s，空气质量为4级时，平均风速为1.8 m/s，空气质量为5级时，风速也比较小，平均为2.0 m/s，说明风越大对污染物扩散越有利。但当空气质量为6级时，风速反而上升为3.1 m/s。如果剔除PM_{10}为首要污染物的日期，则空气质量为优时，风速最大，平均为3.6 m/s，而有空气污染时，风速相对较小，空气质量4级时，平均风速最小，为1.7 m/s，空气质量为5～6级时，风速也较小，平均风速分别为1.8 m/s和2.2 m/s。可见，对采暖期来说，风速越小，大气扩散条件越差，越易形成污染天气；但当风速很大，可以将地面沙尘等颗粒物吹起或从上游输送到本地时，则可能造成颗粒物污染。

非采暖期空气质量等级越高（空气质量越差），其平均风速越大。空气质量1级时，平均风速为2.4 m/s；空气质量3级时，平均风速为3.2 m/s；空气质量4级时，平均风速为3.7 m/s；空气质量5级时，比4级风速略降；空气质量6级时，平均风速为7.0 m/s。空气质量为5～6级的首要污染物都是PM_{10}，主要是大风导致沙尘天气，致使颗粒物增多。从春、夏、秋、冬四季各空气质量等级与平均风速的关系来看，秋季、冬季空气质量越好，风速越大；春季、夏季空气质量越差，风速越大（图5.3b）。

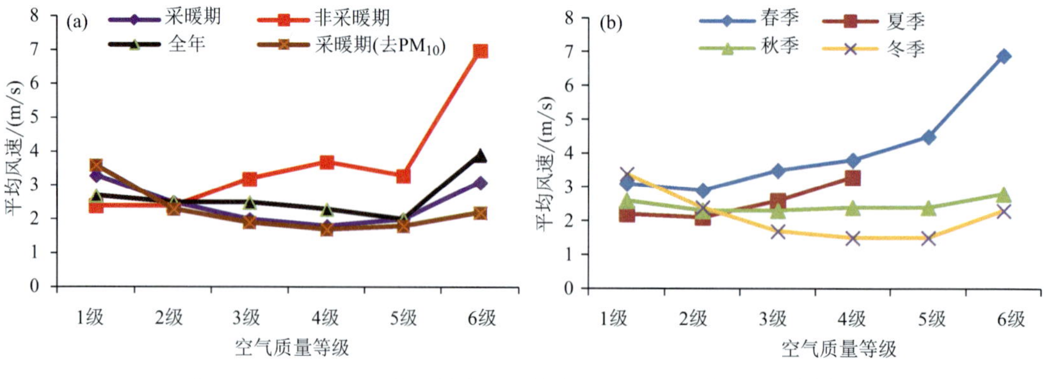

图5.3 2015—2017年吉林省9个城市各空气质量等级与平均风速

采暖期，风速越小，AQI 越大，空气污染程度越大。2017 年 1 月 4—9 日长春市空气质量经历了良好—严重污染—优良的转变过程，特别是 6 日 20 时—9 日 00 时之间出现了持续重污染天气，AQI 最高达到 452(图 5.4)。

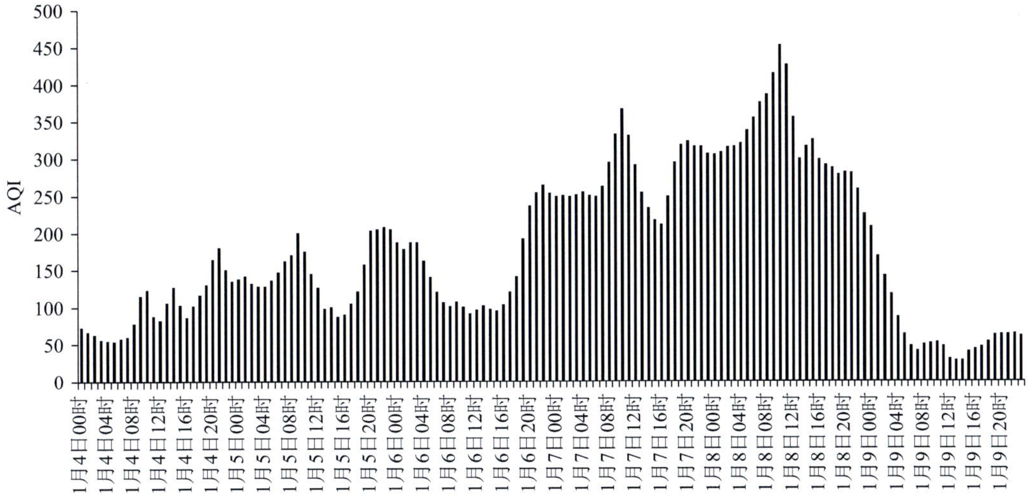

图 5.4 2017 年 1 月 4 日 00 时—1 月 9 日 23 时长春市逐时 AQI

为分析期间风速变化与 AQI 变化的关系，将 AQI 和风速都采用式(5.1)进行归一化处理，发现归一化指数越大，AQI 或风速越大(图 5.5)。

$$F_i = X_i / \mathrm{MAX} \tag{5.1}$$

式中：F_i 为归一化指数；X_i 为 AQI 或风速；MAX 为期间最大 AQI 或风速。

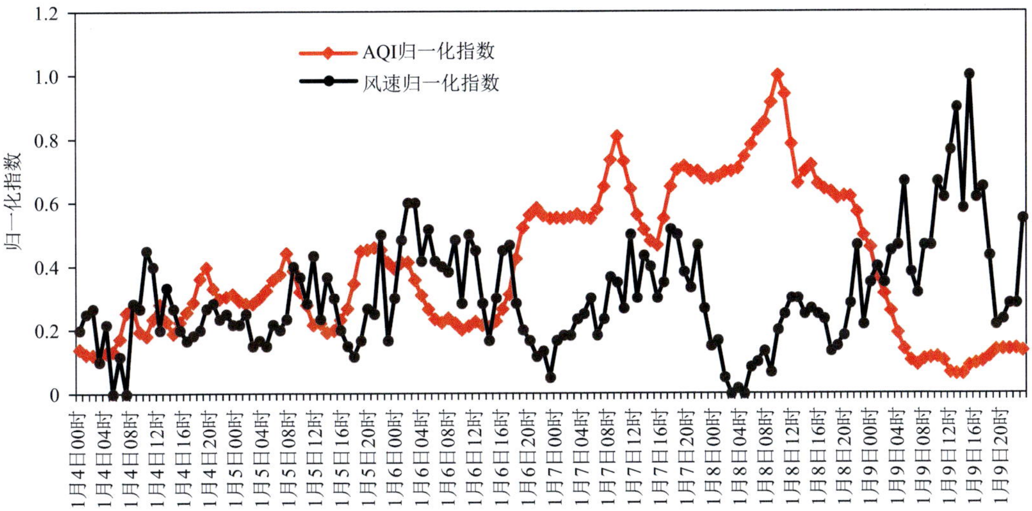

图 5.5 2017 年 1 月 4 日 00 时—1 月 9 日 23 时长春市逐时归一化的 AQI 和风速指数曲线

从图 5.5 可以看出，风速曲线和 AQI 曲线呈相反变化，AQI 峰值对应风速低值。4

日 00 时至 5 日 22 时，长春市风速持续较小，期间 47 h 中 41 h 风速低于 2 m/s，4 日 00 时，风速为 0.8 m/s，AQI 为 73，空气良好，00—09 时风速一直较小，平均为 0.8 m/s，期间有两个时次为静风，持续的小风不利于污染物扩散，导致污染物堆积，09 时 AQI 达到 115，出现轻度污染；5 日 09 时，AQI 达到 200，出现短时重度污染，5 日 10—15 时，6 个时次中有 4 个时次风速超过 2.0 m/s，污染物扩散条件有所改善，AQI 逐渐下降到 87，17—20 时风速再次减小，18—20 时都在 1.0 m/s 以下，导致 20 时 AQI 再次上升到 200，22 时达到阶段性最高值 208，5 日 23 时至 6 日 10 时，12 h 中 10 h 风速在 2.3 m/s 以上，空气质量逐渐由重污染转为中度污染再转为轻度污染，到 11 时 AQI 降低到 91，空气质量转为良好。

6 日 14—16 时，风速减小，导致空气质量再次下降，16 时 AQI 为 103，再次出现轻度污染，20 时 AQI 达到 236，出现重度污染。6 日 20 时—9 日 00 时，空气质量一直在重污染到严重污染之间。特别是 7 日 19 时—8 日 12 时，AQI 一直大于 300，持续严重污染。7 日 00—09 时，风速持续偏小，均低于 1.0 m/s，且有 6 个时次在 0.5 m/s 以下，导致 8 日 10 时 AQI 达到此次污染天气过程最高值 452。8 日 11—23 时，风速略有加大，污染物逐渐减低，至 23 时，AQI 降低到 225；9 日 00—18 时，风速继续加大，期间风速均超过 2.0 m/s，13 时达到 5.4 m/s，AQI 由 208 下降到 28。从这次污染过程可以看出，风速持续偏小会导致污染物聚积，引起空气质量下降，风速持续增大，有利于污染物扩散，使空气质量转好。

5.1.1.3 风速与污染物浓度的关系

将日平均风速分为<2、2～3、3～4、4～5、5～6、6～7、≥7 m/s 这 7 个区间段，计算分析 2015—2017 年吉林省白城、松原、长春、四平、辽源、吉林、通化、白山、延吉 9 个城市在各风速区间段 SO_2、NO、NO_2、NO_x、CO、PM_{10}、$PM_{2.5}$ 等 7 类污染物平均浓度，结果表明，随着风速的加大，NO、NO_2、NO_x、CO 和 $PM_{2.5}$ 浓度都呈逐渐降低趋势(表 5.1)，其中 NO 变化最为明显，当风速小于 2 m/s 时，NO 平均浓度为 14 μg/m^3，当风速超过 2 m/s，NO 迅速下降，当风速超过 5 m/s 时，NO 平均浓度只有 3 μg/m^3，比风速小于 2 m/s 时下降了 78.6%。NO_x 浓度随风速增大降低也较为明显。当风速小于 2 m/s 时，NO_x 平均浓度为 55 μg/m^3，当风速超过 3 m/s 时，NO_x 平均浓度迅速降低到 33 μg/m^3，当风速≥7 m/s 时，NO_x 平均浓度降低到 21 μg/m^3。风速增大，$PM_{2.5}$ 平均浓度减小，在风速小于 2 m/s 时，$PM_{2.5}$ 平均浓度为 52 μg/m^3，当风速超过 5 m/s 时，$PM_{2.5}$ 平均浓度降低到 36 μg/m^3(图 5.6)。

表 5.1 2015—2017 年污染物浓度与各区间风速关系

污染物浓度	风速/(m/s)						
	<2	2～3	3～4	4～5	5～6	6～7	≥7
SO_2	28	20	18	16	16	14	17
NO	14	8	6	4	3	3	3

续表

污染物浓度	风速/(m/s)						
	<2	2~3	3~4	4~5	5~6	6~7	≥7
NO_2	33	27	24	22	20	18	17
NO_x	55	39	33	29	25	23	21
CO	1.1	0.9	0.8	0.8	0.8	0.7	0.7
PM_{10}	79	67	68	75	88	113	136
$PM_{2.5}$	52	43	40	37	36	36	36

注:污染物浓度单位除 CO 为 mg/m^3 外,其余均为 $\mu g/m^3$。表 5.2、表 5.3、表 5.7 和表 5.8 单位表示方法相同。

SO_2 浓度与风速关系不是线性下降,当风速在 7 m/s 以下时,SO_2 浓度随风速增大而下降,且当风速超过 3 m/s 时,SO_2 浓度降低明显,但风速在 7 m/s 以上时,比风速在 4~7 m/s 略有增加(表 5.1)。

PM_{10} 浓度与风速关系较为复杂,当风速小于 2 m/s 时,PM_{10} 平均浓度为 79 $\mu g/m^3$,当风速在 2~4 m/s 时,PM_{10} 浓度下降到 67~68 $\mu g/m^3$,而当风速超过 4 m/s 时,PM_{10} 浓度又开始随风速增大而增加,当风速在 7 m/s 以上时,PM_{10} 平均浓度增大到 136 $\mu g/m^3$,比风速在 2~3 m/s 时增加 103%(图 5.6)。

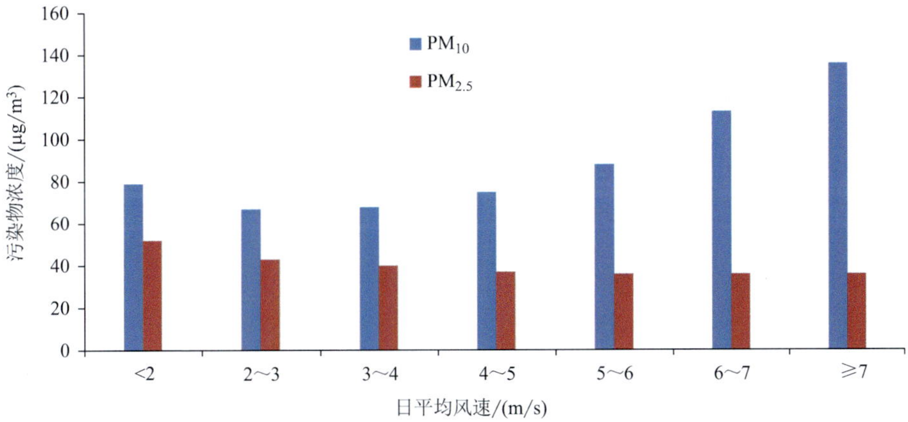

图 5.6 2015—2017 年吉林省 9 个城市风速与 PM_{10}、$PM_{2.5}$ 浓度的关系

5.1.2 气温

5.1.2.1 气温与空气质量的关系

为分析气温变化对空气质量的影响,对 2015—2017 年长春市地面升温过程和降温过程的 AQI 进行统计分析。

升温过程选取标准:将日平均气温比前一日升高 3 ℃及以上当日及次日作为一个升温过程进行分析。

降温过程选取标准：将日平均气温比前一日下降 5 ℃及以上当日及次日作为一个降温过程进行分析。

对全部升温过程、降温过程及春季、夏季、秋季、冬季升降温过程 AQI 进行统计，并对升降温当日及次日 AQI 进行分析（图 5.7），结果表明，2015—2017 年长春市升温天气过程 AQI 为 106，比降温过程 AQI 和 3 a 平均 AQI 分别高 22 和 17；各季节升温过程 AQI 也大于降温过程 AQI，其中夏季差别最大，夏季升温过程比降温过程 AQI 大 32。对于升温过程，春季、夏季、秋季当日平均 AQI 和次日平均 AQI 差别不大，但冬季明显升温次日 AQI 比明显升温当日大 16。对于降温过程，春季、秋季明显降温当日平均 AQI 明显小于次日平均 AQI，特别是秋季，明显降温当日平均 AQI 为 60，而次日 AQI 平均为 103；夏季基本无差别，冬季明显降温当日平均 AQI 高于次日。可见，升温天气过程 AQI 升高，空气质量转差，降温过程 AQI 降低，利于空气质量转好。

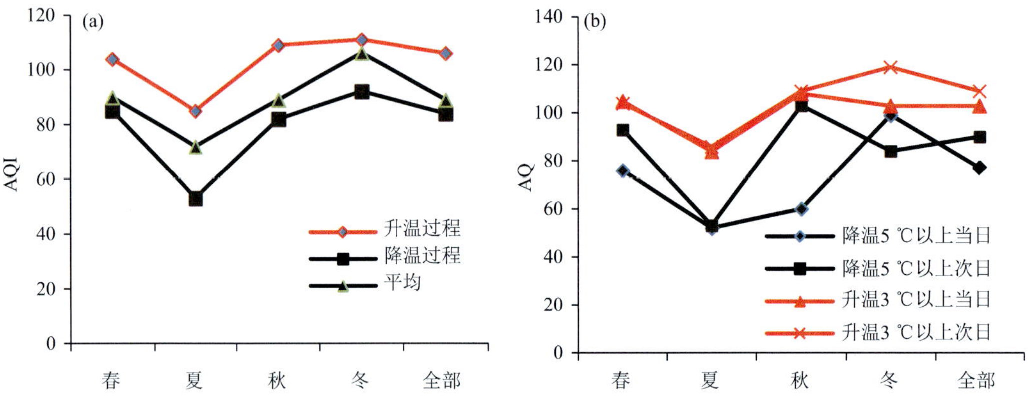

图 5.7 2015—2017 年长春市升温过程(a)和降温过程(b)平均 AQI

从 2017 年 1 月 1—20 日长春市空气质量等级与 08 时 850 hPa 变温图（图 5.8）来看，1 月 1—20 日长春市出现了 3 次污染天气过程，分别是 1 月 1—2 日、1 月 5—8 日、1 月 16—19 日。1 日为重污染天气，空气质量 5 级，850 hPa 温度比前一日升高 3.0 ℃；2 日气温下降，比前一日低 4.1 ℃，空气质量由 5 级转为 3 级，3 日继续转好，空气质量为 2 级；1 月 5—6 日又出现一次升温天气过程，6 日气温升高 5.5 ℃，空气质量转为 4 级；7—8 日维持暖气团影响，大气扩散条件不好，污染物继续堆积，空气质量达到 5 级、6 级；9 日受强冷空气影响，850 hPa 温度下降 12.7 ℃，污染物迅速扩散，空气质量转为 2 级；15—17 日又出现一次升温过程，日最大升温幅度达 6.3 ℃，空气质量由 2 级转为 5 级，18 日受冷空气影响，空气质量转为 4 级，20 日继续受冷空气影响，温度下降 4.4 ℃，空气质量转为 2 级。可见，明显升温过程易导致污染物聚集，形成雾/霾天气；而强冷空气影响时，利于污染物扩散，雾/霾稀释或消散。

5.1.2.2 气温与污染物浓度的关系

对 2015—2017 年长春市地面升温过程和降温过程的 SO_2、NO_2、NO_x、O_3、CO、

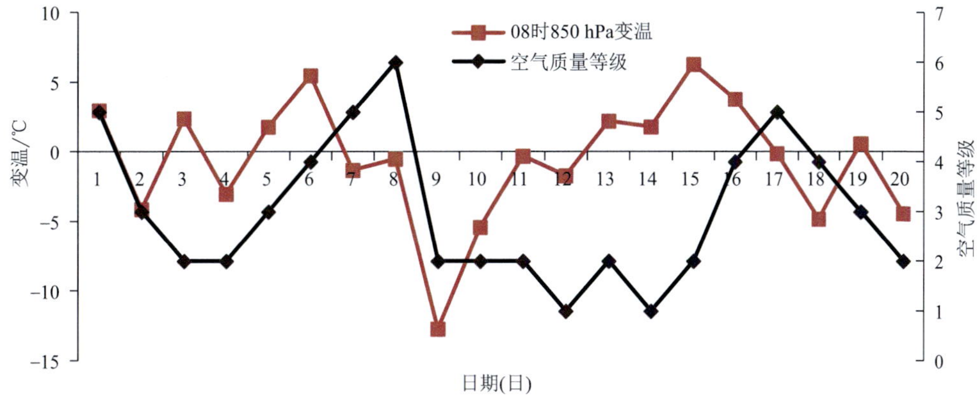

图 5.8 2017 年 1 月 1—20 日长春市空气质量等级与 08 时 850 hPa 变温

PM_{10}、$PM_{2.5}$ 等 7 类污染物浓度进行统计分析。结果表明,升温过程 SO_2 浓度高于降温过程,升温过程 SO_2 平均浓度为 41 μg/m³,比降温过程平均浓度高 8 μg/m³;夏季 SO_2 浓度较小,升降温过程差别不大,冬季升温过程和降温过程 SO_2 浓度都较高,分别为 71 μg/m³ 和 60 μg/m³(图 5.9a)。升温过程 NO_x 浓度高于降温过程,升温过程 NO_x 平均浓度为 71 μg/m³,比降温过程平均浓度高 8 μg/m³;春季 NO_x 浓度比其他季节小,升降温过程差别不大,冬季升温过程和降温过程 NO_x 浓度都较高,分别为 83 μg/m³ 和 71 μg/m³,夏季和秋季升温过程 NO_x 浓度较高,分别达到 75 μg/m³ 和 74 μg/m³(图 5.9b)。升温过程 NO_2 浓度略高于降温过程。

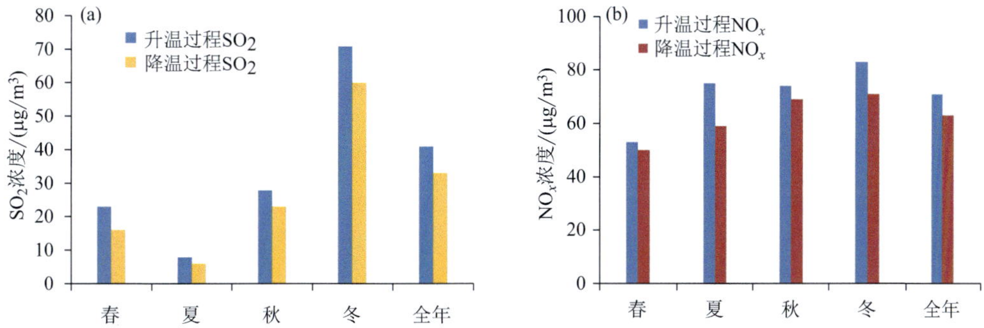

图 5.9 2015—2017 年长春市升温过程和降温过程的 SO_2(a)及 NO_x(b)平均浓度

各季节升温过程 O_3 浓度都高于降温过程,升温过程 O_3 平均浓度为 63 μg/m³,比降温过程平均浓度高 16 μg/m³;冬季 O_3 浓度较低,升降温过程差别不大,春、夏季升温过程 O_3 浓度偏高(图 5.10a)。

各季节升温过程 CO 浓度均比降温过程大,冬季升温过程 CO 浓度最高;夏季升降温过程 CO 浓度均较小(图 5.10b)。

升温过程 $PM_{2.5}$ 平均浓度为 68 μg/m³,降温过程平均浓度为 49 μg/m³,春、夏、秋、冬四

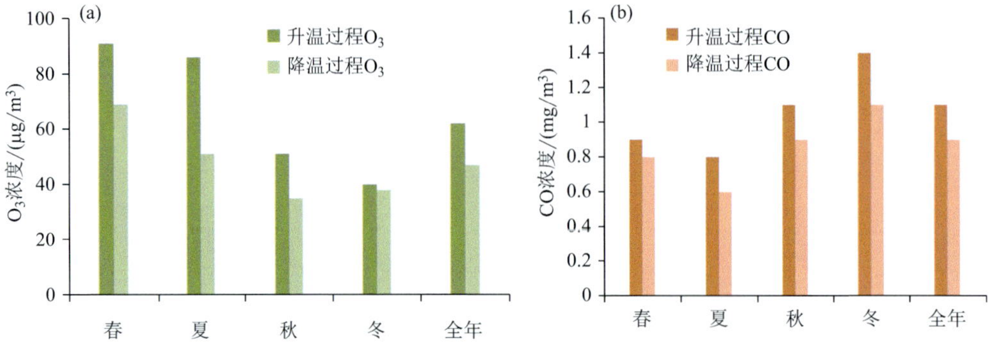

图 5.10 2015—2017 年长春市升温过程和降温过程的 O_3(a)及 CO(b)平均浓度

季升温过程 $PM_{2.5}$ 平均浓度都高于降温过程；升温过程 PM_{10} 平均浓度为 110 μg/m^3，降温过程平均浓度为 90 μg/m^3，春、夏、秋、冬各季节升温过程 PM_{10} 平均浓度都高于降温过程（图 5.11）。

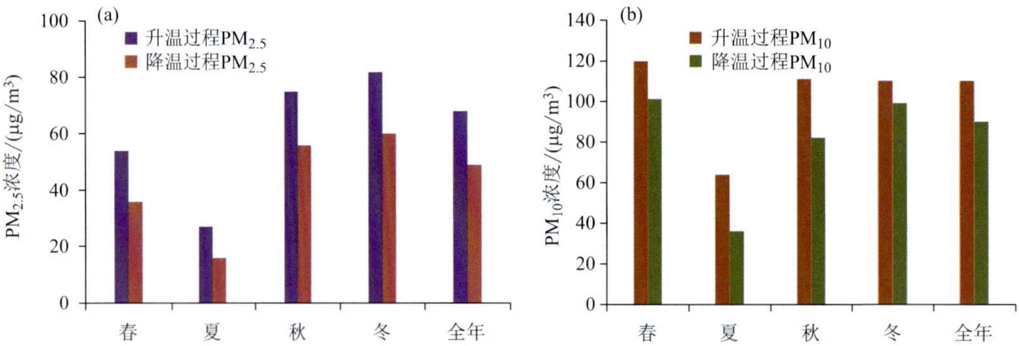

图 5.11 2015—2017 年长春市升温过程和降温过程的 $PM_{2.5}$(a)及 PM_{10}(b)平均浓度

从上述分析可以看出，升温过程影响时易导致污染物聚集，SO_2、NO_2、NO_x、O_3、CO、PM_{10}、$PM_{2.5}$ 等 7 类污染物浓度上升，易于形成雾/霾；而强冷空气影响时，污染物浓度下降，利于雾/霾消散。

5.1.3 气压

气压是作用在单位面积上的大气压力。影响气压的主要因素有：海拔高度、大气温度、大气密度等。高压是同一水平面上中心气压较四周高的气压系统。低压是同一水平面上中心气压较周围低的系统，其中气压最低的地方为“低压中心”。

气压对空气污染的影响较为复杂。一些学者研究认为，气压与空气污染呈正相关，当地面受低压控制时，四周高压区空气流向中心，导致中心产生上升气流，有利于污染物扩散，污染物质量浓度降低。地面受高压控制时，中心部分产生下降气流，不利于污染物扩散，颗粒物质量浓度较大，污染加重。但是，也有学者研究认为，气压下降空气污染加重，气压升高利于雾/霾消散。例如，王秀玲等(2020)对 2015—2017 年唐山市 $PM_{2.5}$ 重污染生消气象条件分析结果表明，在唐山市 48 次重污染日生成过程中有 32 次伴有负变压，而正变压有助于唐山市污染天气消散。

5.1.3.1　长春市空气质量与气压的相关性

通过对逐日空气质量和气压关系的研究发现，全年、采暖期和非采暖期都没有通过显著性检验。通过对逐月的相关性分析发现，3 月、9 月 AQI 与气压的相关性通过信度 0.01 的显著性检验，4 月和 12 月 AQI 与气压的相关性通过信度 0.05 的显著性检验，但这种相关都处于弱相关的范围内，3 月和 4 月呈现负相关，9 月和 12 月呈现正相关。

对逐月气压和 AQI 变化进行分析，发现二者都是先下降再升高的趋势，气压在 6 月达到最低值后开始增大，AQI 是在 9 月达到最低值后开始增大，主要是夏季 AQI 受 O_3 影响较大，到 9 月才降到最低值(图 5.12)。AQI 和气压在 12 月都处于高值阶段。

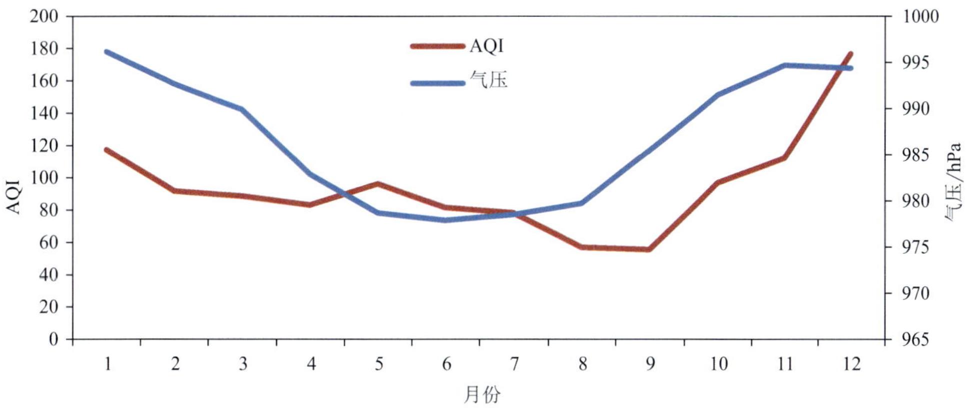

图 5.12　长春市平均气压和 AQI 逐月变化

5.1.3.2　升压降压前后污染物浓度变化

为了对比升降压前后污染物浓度的变化情况，选取 2015—2017 年长春市日增压大于 2.5 hPa 为升压日，日降压大于 2.5 hPa 为降压日，对比升压和降压前后污染物浓度变化，如图 5.13 所示。除 O_3 外，升压过程各类污染物浓度都低于降压过程，即气压明显下降，污染物浓度升高，气压明显升高，污染物浓度下降。升压后，SO_2、NO_2 浓度略有升高，其他污染物浓度均出现下降。降压后，SO_2、NO_2 浓度略有下降，其他污染物浓度均出现升高。降压前后污染物浓度基本都高于升压前后。

5.1.3.3　持续高压下污染物浓度的变化

定义日升压超过 2.5 hPa 并持续 3 d 及以上为持续高压，对 2015—2017 年符合持续高压条件的日期进行筛选，得到持续 3 d 高压 18 次，持续 4 d 高压 3 次，分别对持续高压 3 d 过程和 4 d 过程的污染物浓度变化进行计算分析。

对于持续高压 3 d 过程，SO_2、NO_2、CO、PM_{10} 和 $PM_{2.5}$ 浓度都呈现 3 d 不断上升趋

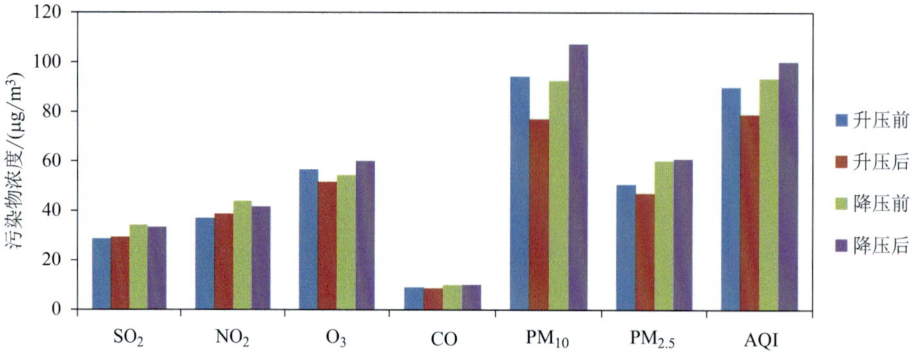

图 5.13 升、降压前后各类污染物浓度变化

势，其中 $PM_{2.5}$ 浓度增大最明显，第三天较第一天提高 55%左右，SO_2、NO_2 浓度也增大 26%左右，CO 浓度增加 18%左右。只有 O_3 浓度呈现下降趋势，下降幅度较小。AQI 先增大后减小，总增幅超过降幅(表 5.2)。

表 5.2 持续高压污染物浓度变化(持续 3 d 过程)

	浓度						AQI
	SO_2	NO_2	O_3	CO	PM_{10}	$PM_{2.5}$	
第一天	20.89	32.50	59.83	0.77	70.39	29.72	72.11
第二天	24.44	38.67	56.28	0.88	76.78	43.94	80.39
第三天	26.33	41.17	55.61	0.91	77.39	46.11	78.00

注：浓度单位同表 5.1。

对于持续高压 4 d 过程(表 5.3)，SO_2、NO_2、CO、PM_{10} 和 $PM_{2.5}$ 浓度与持续 3 d 过程相同，呈现上升趋势，但持续高压 4 d 过程 SO_2、NO_2、PM_{10}、$PM_{2.5}$ 浓度以及 AQI 到第三天开始大幅度上升，较 3 d 过程更明显，第四天较第一天上升幅度基本超过一倍，$PM_{2.5}$ 浓度提升最大，达到 2.4 倍，相应 AQI 增幅也较大。第二天 O_3 浓度与第一天接近，第三天和第四天明显下降，第四天与第一天相比，O_3 浓度下降幅度达 23%。

表 5.3 持续高压污染物浓度变化(持续 4 d 过程)

	浓度						AQI
	SO_2	NO_2	O_3	CO	PM_{10}	$PM_{2.5}$	
第一天	40.67	27.67	36.00	0.67	61.33	33.33	57.67
第二天	43.67	32.33	36.67	0.70	67.33	46.33	73.33
第三天	57.33	44.67	30.67	1.00	109.33	81.33	111.67
第四天	78.67	64.67	27.67	1.37	142.00	113.00	149.00

注：浓度单位同表 5.1。

可见，吉林省冬季高压持续影响时，高压区近地面层为辐散下沉气流，严重抑制近地面层污染物的垂直向上扩散，是造成雾/霾天气的主要动力因素之一。出现雾/霾天气时稳定的高压系统，加之近地面层水平扰动较小，不利于污染物的水平方向稀释扩散，从而可形成严重的霾天气。

5.1.4 湿度

湿度对空气质量有较大影响，湿度较大时，一方面，气溶胶吸湿增长及消光系数增加明显，进而影响能见度，另一方面，在相对湿度较大的环境下，水汽本身光吸收和散射会增大，空气中颗粒物容易被它们吸附，从而影响大气透明度。有研究表明，高湿度非降雨天气条件下颗粒物容易积聚(董继元 等，2015)。

利用吉林省2015—2017年逐日相对湿度数据和AQI、6种污染物浓度数据，分析相对湿度对空气质量的影响。分别对全年、采暖期(10月20日—次年4月6日)、非采暖期(4月7日—10月19日)进行统计分析。

5.1.4.1 相对湿度与空气质量的相关性

利用Pearson相关分析，计算AQI、6种污染物浓度与相对湿度的相关性，如表5.4所示。从全年来说，AQI和PM_{10}、CO、O_3浓度与相对湿度呈正相关，通过信度0.01的显著性检验，通过对照Pearson相关系数与显著性关系，发现这种相关呈现为弱相关或极弱相关。将全年划分为采暖期和非采暖期进行相关性分析后，发现相关性有较大提升。采暖期PM_{10}浓度与相对湿度和非采暖期CO浓度与相对湿度的相关没有通过显著性检验，采暖期和非采暖期其他污染物浓度均通过信度0.01的显著性检验。其中采暖期O_3浓度与相对湿度、非采暖期PM_{10}和SO_2与相对湿度达到中等负相关。采暖期相对湿度对AQI和污染物浓度基本是正向影响，而非采暖期相对湿度对二者的影响基本都是负向的，这也导致从全年来讲相关性出现抵消，相关系数较小。因此，下文将主要对采暖期和非采暖期分别进行分析。

表5.4 相对湿度与空气质量相关性

	AQI	$PM_{2.5}$	PM_{10}	SO_2	NO_2	CO	O_3
全年	−0.100**	−0.002	−0.211**	−0.006	−0.023	0.124**	−0.256**
采暖期	0.174**	0.219**	0.040	0.341**	0.167**	0.335**	−0.473**
非采暖期	−0.359**	−0.197**	−0.413**	−0.534**	−0.131**	0.072	−0.293**

注：**表示通过信度0.01的显著性检验。

5.1.4.2 不同相对湿度对污染天数的影响

将相对湿度分为0～20%、20%～40%、40%～60%、60%～80%、80%～100%共5个等级，分别讨论采暖期和非采暖期相对湿度对空气质量的影响，包括对污染天数和污染物浓度的影响。

2015—2017年长春采暖期共508 d，其中污染天数(AQI＞100)186 d，首要污染物为$PM_{2.5}$有174 d，首要污染物为PM_{10}有12 d，可见仍然以$PM_{2.5}$污染为主。从表5.5可见，相对湿度在0～20%时，没有出现污染天气；相对湿度在20%～40%时，污染天数占比达到11.3%，主要以轻度污染为主；相对湿度在40%～60%时，污染天数明显增加，占比达到28.5%，轻度污染天数明显增加，为36 d，中度和重度污染也略有增加；相对湿度在

60%～80%时，污染天数急剧上升，占比达到48.4%，接近一半，轻度污染为主，中度污染、重度污染分列第2、3位，分别为47 d、23 d、15 d，较其他湿度范围都有明显增加；相对湿度在80%～100%时，污染天数占比仅为11.8%，以轻度和重度污染为主。相对湿度在40%以下和80%以上时，仅有23.1%的天数出现污染，而湿度在40%～80%时，污染天数达到了76.9%，是污染发生的主要湿度范围，说明该湿度区间较有利于较小污染物颗粒吸附在空气中的水汽上，造成污染天气，而当湿度接近饱和时，多为降水前后，具有一定冲刷作用，不利于形成污染天气。

表5.5 采暖期相对湿度与污染天数的关系

相对湿度/%	天数/d					占比/%
	轻度污染	中度污染	重度污染	严重污染	污染	
0～20	0	0	0	0	0	0
20～40	17	2	0	2	21	11.3
40～60	36	9	5	3	53	28.5
60～80	47	23	15	5	90	48.4
80～100	8	4	9	1	22	11.8

2015—2017年长春非采暖期共588 d，其中污染天数（AQI>100）106 d，首要污染物为O_3有68 d，首要污染物为$PM_{2.5}$有21 d，首要污染物为PM_{10}有17 d。从表5.6可见，相对湿度在0～20%时，出现4 d轻度污染天气，占比仅有3.8%；相对湿度在20%～40%时，污染天数占比达到33.0%；相对湿度在40%～60%时，污染天数占比为31.1%；相对湿度在60%～80%时，污染天数占比为29.2%；相对湿度在20%～80%时，污染天数占比达到93.3%，其中轻度污染天数占比84.9%，是最主要的污染类型；相对湿度在80%～100%时，污染天数占比仅为2.8%，仅有3 d。相对湿度在20%以下和80%以上时，仅有6.6%的天数出现污染，而湿度在20%～80%时，污染天数占比达到了93.3%，是污染发生的主要湿度范围，非采暖期的主要污染物是O_3，其造成的污染也是以轻度为主。主要污染物是PM_{10}的相对湿度区间主要在0～40%，春季大风沙尘天气湿度较低，而PM_{10}浓度较大；主要污染物是$PM_{2.5}$的相对湿度区间主要在40%～80%，湿度越大，较小污染颗粒更容易吸附在空气中的水汽中，使污染物在空气中滞留，造成污染天气。

表5.6 非采暖期相对湿度与污染天数的关系

相对湿度/%	天数/d					占比/%
	轻度污染	中度污染	重度污染	严重污染	污染	
0～20	4	0	0	0	4	3.8
20～40	31	2	1	1	35	33.0
40～60	30	1	0	2	33	31.1
60～80	29	1	1	0	31	29.3
80～100	1	2	0	0	3	2.8

5.1.4.3 不同相对湿度对污染物浓度的影响

将相对湿度划分为5个等级后，分析在不同相对湿度范围污染物浓度变化。如表5.7所示，采暖期，$PM_{2.5}$在湿度超过60%后浓度明显增加，相对湿度越大，浓度越大，接近饱和时，平均浓度超过100 $\mu g/m^3$。PM_{10}浓度在相对湿度为20%～40%时达到最大，随着湿度增加浓度先减小再增大，湿度达到60%以上时浓度再次提升。SO_2平均浓度随湿度增加先增大后减小，湿度在60%～80%时浓度最大。NO_2平均浓度随湿度变化呈波动中略上升趋势。CO浓度随相对湿度增加有所提高，正相关趋势明显，湿度接近饱和时平均浓度也达到最大。O_3浓度随湿度增加明显下降，湿度在40%以下时浓度最高，接近饱和时平均浓度最小，与前文显著负相关一致。

表5.7 采暖期相对湿度与污染物平均浓度的关系

相对湿度/%	$PM_{2.5}$	PM_{10}	SO_2	NO_2	CO	O_3
0～20	/	/	/	/	/	/
20～40	69.47	133.87	31.49	45.15	0.96	69.66
40～60	62.55	98.32	48.13	42.73	1.05	45.55
60～80	84.56	113.90	61.18	48.63	1.29	37.13
80～100	103.38	128.67	54.59	47.85	1.42	35.87

注：/表示无此种情况，即相对湿度均在20%以上。浓度单位同表5.1。

在非采暖期，$PM_{2.5}$、PM_{10}和SO_2平均浓度都是随湿度增加而明显降低的。如表5.8所示，$PM_{2.5}$平均浓度的变化趋势与采暖期几乎相反，并且浓度值均较低，非采暖期湿度较大时，多是在降雨天气前后，雨的洗刷作用较明显。PM_{10}在相对湿度低于40%时平均浓度都超过100 $\mu g/m^3$，特别是在相对湿度为0～20%（很干）的情况下，浓度超过了150 $\mu g/m^3$，主要与非采暖期春季大风沙尘造成的PM_{10}浓度提升有关。SO_2平均浓度较采暖期明显下降，并随湿度提高下降明显，与采暖期趋势大致相反。NO_2平均浓度先上升再下降，但整体浓度都低于采暖期。CO浓度仍然保持和采暖期一致的弱提高趋势，平均浓度低于采暖期，$PM_{2.5}$、SO_2、NO_2、CO的浓度明显偏低与非采暖期燃煤排放明显减少有明显关系。O_3的平均浓度和采暖期趋势一致，先上升再下降，湿度为20%～40%时浓度最大，非采暖期O_3的浓度明显高于采暖期，主要是夏季太阳辐射强，O_3对空气污染的影响最为明显。

表5.8 非采暖期相对湿度与污染物平均浓度的关系

相对湿度/%	$PM_{2.5}$	PM_{10}	SO_2	NO_2	CO	O_3
0～20	51.00	164.50	13.83	34.17	0.73	78.17
20～40	38.77	113.23	12.23	36.03	0.73	91.49
40～60	35.05	77.23	10.62	39.24	0.77	70.95
60～80	31.44	59.79	7.83	35.78	0.78	70.49
80～100	24.82	44.30	6.21	31.86	0.79	57.83

注：浓度单位同表5.1。

5.1.4.4 重污染天气下相对湿度与污染关系

选取2017年两次重污染过程，分别为2017年1月7—8日和10月18—20日，首要污染物均为$PM_{2.5}$，因此，主要分析$PM_{2.5}$浓度与相对湿度变化的关系。

从6日08时开始到9日08时，共73个时次，出现严重污染8个时次，重度污染33个时次，中度污染12个时次，轻度污染4个时次，整个污染阶段以重度污染为主，重度及以上污染占污染时次的71.9%，是一次明显的污染天气过程。

图5.14是该污染时段内$PM_{2.5}$浓度与相对湿度的变化趋势，相对湿度呈现3个波峰，$PM_{2.5}$浓度呈现两个明显峰值，也将污染分为两个阶段，第一个阶段是6日夜间到7日白天，7日10时达到峰值，第二个阶段是7日夜间到8日前半夜，8日10时达到峰值。在相对湿度第一次出现上升时，$PM_{2.5}$浓度滞后出现相应的上升趋势，逐渐达到200 $\mu g/m^3$，之后虽然7日早晨相对湿度出现明显下降，但$PM_{2.5}$依然维持较高浓度，并在湿度再次增加后$PM_{2.5}$浓度达到第一个峰值。随着白天扩散条件略有变好，虽然湿度较早晨持续上升，但污染物浓度出现短暂下降；日落之后，湿度继续上升，$PM_{2.5}$浓度持续较高，并再次上升，8日上午$PM_{2.5}$浓度出现第二个峰值，也是本次过程的最大值，之后湿度再次达到最高值后，期间$PM_{2.5}$浓度虽然有所下降，但依然维持在200 $\mu g/m^3$以上，当8日夜间相对湿度出现下降后，$PM_{2.5}$浓度滞后下降，当相对湿度下降到60%以下时，$PM_{2.5}$浓度开始迅速下降，相对湿度下降到40%以下时，空气质量已经转为优良。

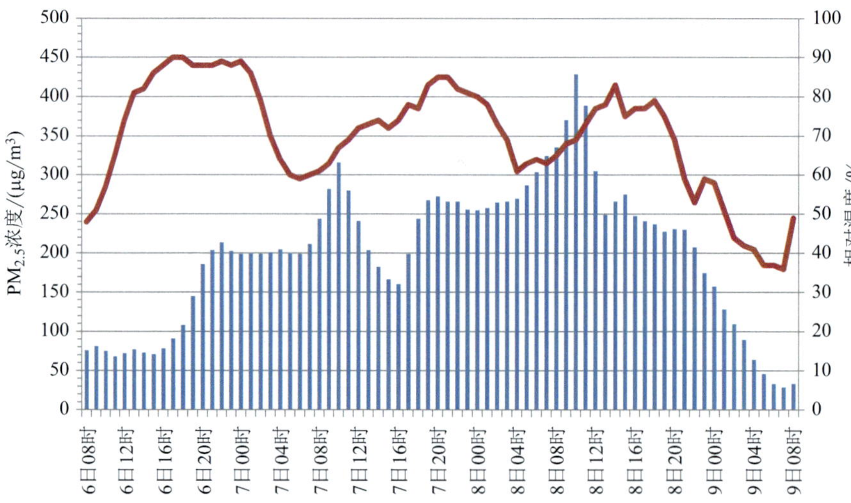

图5.14 2017年1月6—9日$PM_{2.5}$浓度与相对湿度变化(曲线：相对湿度，柱型：$PM_{2.5}$浓度)

第二次重污染过程基本发生在秋季中期供暖前，17日21时—20日20时，出现严重污染6个时次，重度污染13个时次，中度污染10个时次，轻度污染21个时次，重度及以上污染占总污染时次的38%，较1月污染过程强度略弱，以轻度污染为主。$PM_{2.5}$浓度呈现明显的三波峰形势，第二次和第三次峰值都是出现在相对湿度升高过程中或相对湿度达到峰值后的1～3 h(图5.15)。

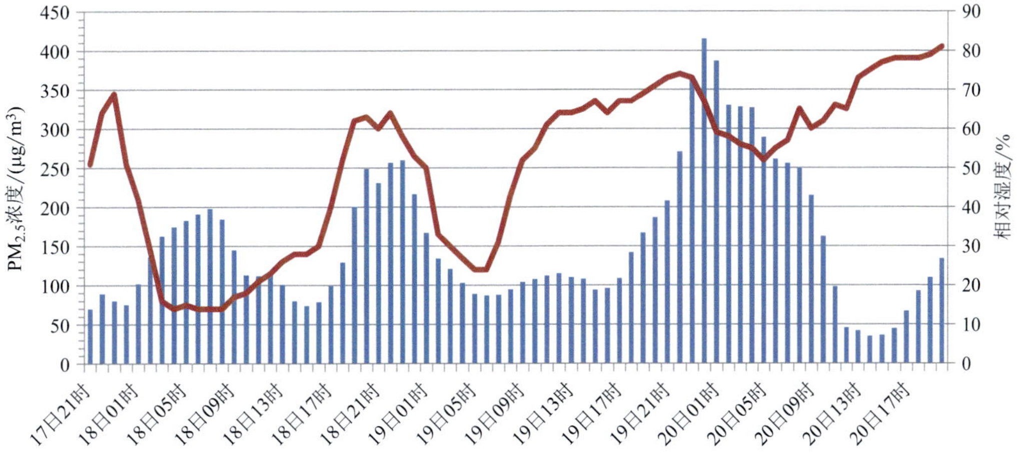

图 5.15 2017 年 10 月 17—20 日 $PM_{2.5}$ 浓度与相对湿度变化(曲线:相对湿度,柱型:$PM_{2.5}$ 浓度)

5.1.5 降水

降水对空气污染物能起到清除和冲刷作用。降水对大气气溶胶的清除是维持大气中悬浮粒子源汇平衡、大气自清洁的重要过程。在雨雪作用下大气中的一些气体污染物能够溶解在水中,降低空气中气体污染物的浓度,较大的雨雪对气溶胶粒子有着显著的湿清除作用。一些学者在降水对污染物清除作用方面进行了研究,唐仁茂等(2017)、李德俊等(2017)研究认为,降水过程对武汉市雾/霾天气有明显的清除效果,受降水冲刷影响,污染物浓度迅速下降,空气质量显著好转,清除率最高的是颗粒物污染。董群等(2016)研究认为,典型降水过程对直径<0.1 μm 和>1.0 μm 的气溶胶颗粒物有明显的清除作用。

5.1.5.1 降水对空气质量的影响

(1)降水量与 AQI 的关系

将降水量分成 0~1、1~5、5~10、10~15、15~20、20~25、≥25 mm 这 7 个区间,计算分析 2015—2017 年吉林省白城、松原、长春、四平、辽源、吉林、通化、白山、延吉 9 个城市各区间降水量的平均 AQI。结果表明,没有降水或降水量小于 1 mm 时,AQI 平均为 81;降水量在 1~5 mm 时,AQI 平均为 75;降水量在 5~10 mm 时,AQI 平均为 66;降水量在 10~15 mm 时,AQI 平均为 62;降水量在 15~20 mm 时,AQI 平均为 56;降水量在 20~25 mm 时,AQI 平均为 53,降水量在 25 mm 以上时,AQI 平均为 52(图 5.16)。可见,降水有利于空气质量的提升,降水量越大,AQI 越小,即空气质量越好。

(2)降水量与空气质量等级的关系

将降水量分成 0~1、1~5、5~10、10~15、15~20、20~25、25~30、≥30 mm 这 8 个区间,计算分析吉林省 9 个城市各区间降水量各级空气质量出现的概率(表 5.9)。结果

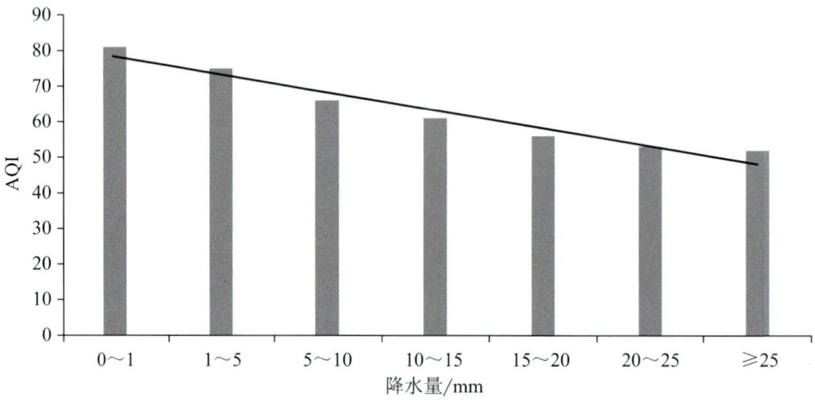

图 5.16 各区间降水量的平均 AQI

表明，空气质量为 1 级的概率基本上随着降水量的增加而增大，1 mm 以下降水量时（包含无降水），其概率为 21.6%，而 30 mm 以上降水量时，空气质量 1 级的概率达到 63.4%；0～1、1～5、5～10、10～15、15～20、20～25、25～30、≥30 mm 时空气质量 1 级的概率分别为 21.6%、32.0%、36.2%、43.8%、47.5%、54.8%、54.3%、63.4%；空气质量为 3 级的概率整体随降水量增加呈减少趋势，5 mm 以下降水量时空气质量出现 3 级的概率超过 10%，0～1 mm、1～5 mm 降水量时空气质量为 3 级的概率分别为 16.5%、10.2%，出现 20 mm 以上降水量时，空气质量为 3 级的概率低于 2.2%；空气质量为 4 级的概率随降水量增加也有减小的趋势，当降水量超过 5 mm 时，空气质量为 4 级的概率不超过 0.9%，当降水量超过 20 mm 时，空气质量 4 级的概率为 0；当降水量超过 15 mm 时，空气质量 5 级的概率为 0；当降水量超过 10 mm 时，空气质量 6 级的概率为 0。

表 5.9 2015—2017 年吉林省 9 个城市各区间降水量空气质量等级出现概率 %

降水量/mm	1 级	2 级	3 级	4 级	5 级	6 级
0～1(含无降水)	21.6	56.0	16.5	3.7	1.6	0.5
1～5	32.0	52.3	10.2	2.5	1.7	1.2
5～10	36.2	55.1	6.3	0.9	0.7	0.7
10～15	43.8	48.3	7.4	0	0.6	0
15～20	47.5	48.3	3.3	0.8	0	0
20～25	54.8	43.5	1.6	0	0	0
25～30	54.3	43.5	2.2	0	0	0
≥30	63.4	34.8	1.8	0	0	0

5.1.5.2 降水对大气污染物浓度的湿清除能力

降水量大小对污染物的清除能力不同，且降水对各类污染物的湿清除作用也有差异。

赵海波等(2005)对降雨过程中气溶胶湿沉降进行了数值模拟,发现大雨对任何尺度气溶胶的湿清除效果都强于中雨和小雨,3 种降雨类型对大尺度气溶胶均有较好的湿清除效果。降雨对 $PM_{2.5}$、PM_{10}、NO_2、O_3 有较好的清除作用(熊险平 等,2021),强降水过程对 $PM_{2.5}$ 的清除作用十分明显(樊高峰 等,2017)。

利用降水日大气污染物浓度较前一日变化幅度占前一日浓度的百分比,来表示降水的湿清除能力,同时对降水强度进行更细的分级,研究不同级别降雨量对各污染物浓度的清除能力。

降水对污染物的湿清除能力 R,利用降水日各污染物质量浓度较前一日质量浓度的百分比来表示:

$$R=-100\%\times(X-X_1)/X_1$$

式中:X 为大气污染物浓度的日均值;X_1 为前一日的日均值。若 $R<0$,则表示某日大气污染物浓度较前一日增加,空气质量恶化;若 $R>0$,则表示某日大气污染物浓度较前一日下降,空气质量有所改善。将其与日降水资料结合,可以反映降水对大气污染物的湿清除能力。

将长春市 2015—2017 年采暖期日降水量分成无降水、0.1~1、1~5、5~10、≥10 mm 这 5 个等级,分析各降水量等级 SO_2、NO_2、NO_x、CO、PM_{10}、$PM_{2.5}$ 等 6 种污染物浓度的变化,来研究不同等级降水量大气污染物浓度湿清除率。结果表明,无降水时,6 种污染物清除率都是负值,即浓度增加,其中 $PM_{2.5}$ 浓度增加最为明显,达到 19%,PM_{10} 和 NO_x 次之;0.1~1 mm 降水时,对 SO_2、NO_2、CO 有一定的清除作用,但清除率较小,对 NO_x、PM_{10} 和 $PM_{2.5}$ 没有清除能力;1~5 mm 降水时,对 SO_2、NO_2、NO_x、CO 和 $PM_{2.5}$ 有不同程度的清除能力,对 SO_2、NO_2 和 CO 的清除能力都在 10%以上,其中对 SO_2 清除效果最好,达到 18%,但对 PM_{10} 没有清除能力;5~10 mm 降水时,对 6 种污染物都有清除能力,对 SO_2 清除能力最强,达到 25.8%,对 $PM_{2.5}$ 的清除能力也比较强,达到 15.1%;对 CO、NO_x 和 NO_2 的湿清除率在 10.6%~14.4%,对 PM_{10} 清除能力较弱(图 5.17)。当降水量在 10 mm 以上时,对 NO_x、PM_{10} 和 $PM_{2.5}$ 清除能力明显增强,分别达到 46.7%、33.8%、37.9%,对 NO_2 和 CO 清除能力也在 10%以上。

根据夏季降水量,将长春市 2015—2017 年非采暖期日降水量分成无降水、0.1~5、5~10、10~20、20~30、≥30 mm 这 6 个等级,分析各降水量等级 SO_2、NO_2、NO_x、CO、O_3、PM_{10}、$PM_{2.5}$ 等 7 种污染物浓度的变化,来研究不同等级降水量大气污染物浓度湿清除率。结果表明,无降水时,7 种污染物清除率都是负值,即浓度增加,其中 $PM_{2.5}$ 和 PM_{10} 浓度增加明显,分别达到 21.6% 和 20.7%;NO_x 和 O_3 次之,分别为 14% 和 10.6%;10 mm 以下降水,对 SO_2、O_3 和 CO 有一定的清除作用,但清除率较小,对 NO_2、NO_x、PM_{10} 和 $PM_{2.5}$ 没有清除作用;10~20 mm 降水时,除 NO_x 外,对各类污染物均有清除能力,对 PM_{10} 的清除率最大,达到 20.5%,对 SO_2、$PM_{2.5}$ 和 O_3 的清除率较大,分别为 18.1%、12.0%、10.3%,对 CO 和 NO_2 清除能力较弱;20 mm 以上降水时,对 7 类污

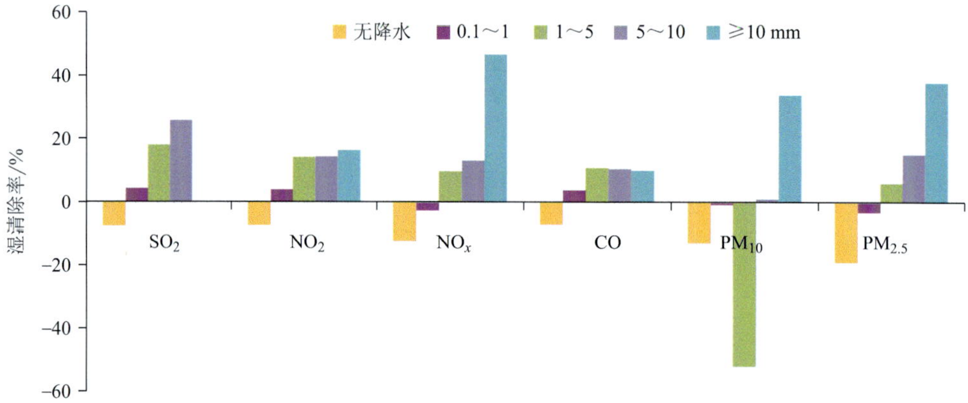

图 5.17 采暖期各等级降水量对污染物的清除率

染物均有清除能力,特别是对 PM_{10} 和 $PM_{2.5}$ 清除能力显著,20～30 mm 降水时的湿清除率达到 37.1%和 36.5%(图 5.18)。

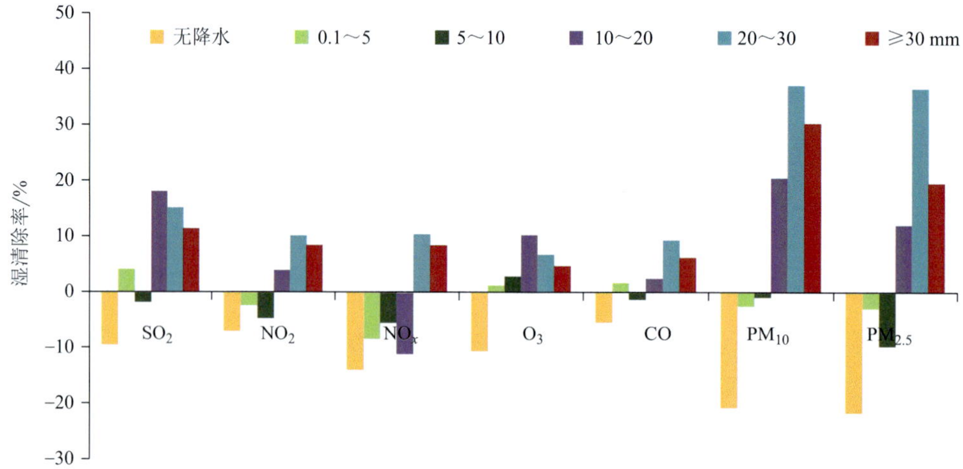

图 5.18 非采暖期各等级降水量对污染物的清除率

总体来说,降水有利于空气质量的提升,且降水量越大,AQI 越小,空气质量为优的概率越大;采暖期 1～5 mm 降水对 SO_2、NO_2、NO_x、CO 和 $PM_{2.5}$ 有不同程度的清除能力,对 SO_2 清除效果最好,但对 PM_{10} 没有清除能力;5～10 mm 降水对 6 种污染物都有清除能力,对 SO_2 和 $PM_{2.5}$ 的清除能力较强;当降水量在 10 mm 以上时,对 NO_x、PM_{10} 和 $PM_{2.5}$ 的清除作用显著。非采暖期,10 mm 以下降水对 SO_2、O_3 和 CO 有一定的清除作用,但清除率较小;10～20 mm 降水,除 NO_x 外,对各类污染物均有清除能力,对 PM_{10} 的清除率最大,对 SO_2、$PM_{2.5}$ 和 O_3 的清除率较大;20 mm 以上降水,对 7 类污染物均有清除能力,特别是对 PM_{10} 和 $PM_{2.5}$ 清除能力显著。

5.2 吉林省重污染天气预报方法

AQI大于200时(空气质量大于或等于5级)为重污染天气,重污染天气对人类活动和身体健康都有较严重的影响。由于数值预报模式对重污染天气预报能力较差,而基于多元回归的污染物浓度统计预报模型对于样本较少的重污染天气预报效果也不理想,因此,针对重污染天气还需要进一步分析研究。

5.2.1 重污染天气与气象条件的关系

吉林省重污染天气主要出现在冬春季和秋季中后期,2015—2017年首要污染物以$PM_{2.5}$为主的有176站次,以PM_{10}为主的有29站次。因此,本节将分别对由$PM_{2.5}$浓度过大引起的重污染天气和PM_{10}浓度过大引起的重污染天气进行研究。

5.2.1.1 $PM_{2.5}$为首要污染物的重污染天气与气象条件的关系

(1)与风速的关系

在176站次$PM_{2.5}$为首要污染物的重污染天气过程中,日平均风速主要集中在4 m/s以下,其中日平均风速小于2.5 m/s的有139站次,占全部的79%,风速在2.5～3.3 m/s的有23站次,占全部的13%;风速在3.4～5.3 m/s的有11站次,占全部的6.3%;风力达到4级的仅2站次(图5.19a)。可见,风力小导致污染物扩散不畅通是造成$PM_{2.5}$大量聚集的原因之一。

(2)与相对湿度的关系

在这176站次重污染天气中,日平均相对湿度大于或等于70%的有109站次,占全部的61.9%;相对湿度在50%～70%的有39站次,占22.2%;小于50%的有28次,占15.9%。相对湿度越大,越容易造成$PM_{2.5}$浓度增大,形成重污染(图5.19b)。

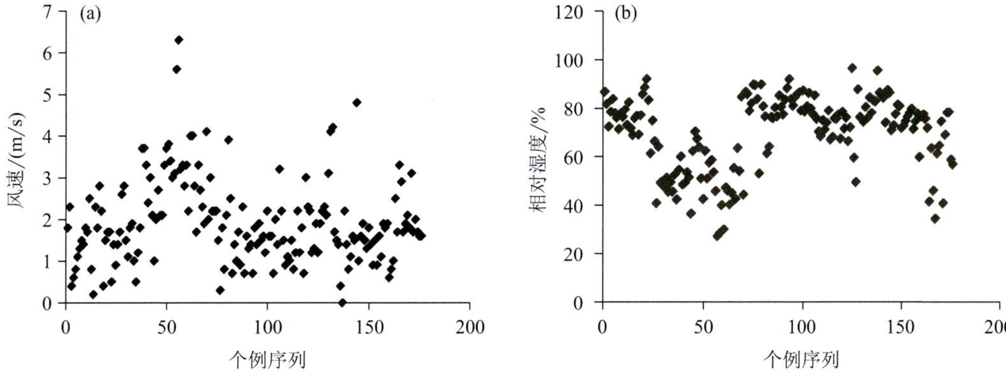

图5.19 $PM_{2.5}$为首要污染物的重污染天气的日平均风速(a)及相对湿度(b)点聚图

(3)与气压变化的关系

在这176站次重污染天气过程中,08时日变压正负比例接近,说明无论是高压控制还是低压控制都可能出现重污染天气。

(4)与云量的关系

在这176站次重污染天气过程中,白天云量为0的有16站次,占9%;云量在1～3成的有25站次,占14.2%;云量3～5成的有47站次,占26.7%;云量5成以上的有104站次,占59.1%,其中云量7成以上的有84站次,占47.7%。

(5)与温度垂直结构的关系

逆温强度指逆温层内大气温度垂直递减率,递减率越大表示逆温越强,越不利于大气污染物扩散。在这176站次重污染天气过程中,有132站次存在逆温,占75%,其中逆温3 ℃以上的占54%。无逆温仍有重污染的一般出现在春季和秋季。

(6)与混合层高度的关系

混合层高度越低,越不利于污染物扩散;在这176站次重污染天气过程中,混合层高度在500 m以下的有112站次,占63.6%;在500～700 m的有32站次,占18.2%;在700～1000 m的有28站次,占15.9%;大于1000 m的仅4站次。

(7)与通风系数的关系

通风系数越小,越不利于污染物扩散。在这176站次重污染天气过程中,通风系数小于2000 m^2/s的有110站次,占62.5%;小于3000 m^2/s的有134站次;在10000 m^2/s以内的有172站次;大于10000 m^2/s的只有4站次。

5.2.1.2 PM_{10}为首要污染物的重污染天气与气象条件的关系

(1)与风速的关系

与$PM_{2.5}$为首要污染物时需要风力小的条件不同,在29站次PM_{10}为首要污染物的重污染天气过程中,日平均风速主要集中在5 m/s以上,日平均风速小于3.3 m/s以下(风力2级或以下)的仅有2站次;在3.4～5.4 m/s(风力3级)的有7站次;风力4级或以上的有20站次,占全部的69%(图5.20a)。可见,大风吹起沙尘是导致PM_{10}污染的主要原因。

(2)与相对湿度的关系

在这29站次PM_{10}重污染天气过程中,相对湿度较小的情况较多。日平均相对湿度大于或等于70%的有1站次;相对湿度在50%～70%的有8站次,占27.6%;相对湿度小于50%的有20站次,占69%(图5.20b)。可见,以PM_{10}为主的重污染天气主要发生在春秋季节,空气干燥。

(3)与气压变化的关系

在这29站次重污染天气过程中,08时日变压为负的占90%,且气压降幅在3 hPa以上的有20站次,占69%,说明以PM_{10}为首要污染物的重污染天气易发生在气压下降时。

(4)与云量的关系

在这29站次重污染天气过程中,白天云量为3～5成的有3站次;云量在5成以上的

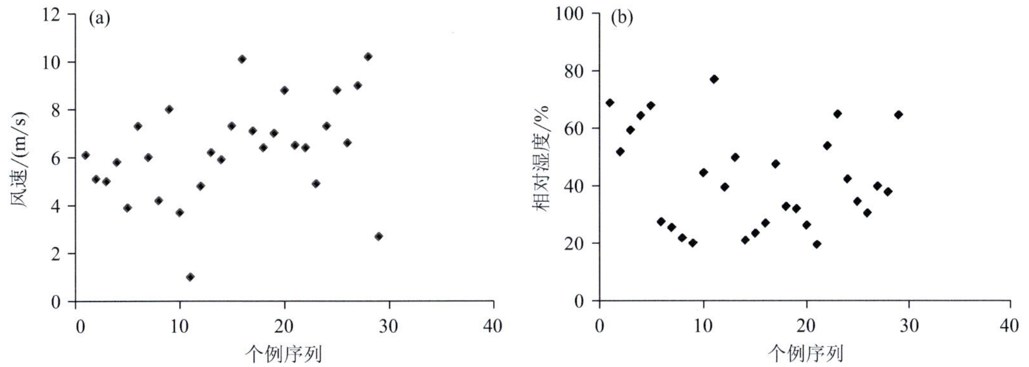

图 5.20 PM_{10} 为首要污染物的重污染天气的日平均风速(a)及相对湿度点聚图(b)

有 26 站次;云量在 7 成以上的有 18 站次。

(5)与温度垂直结构的关系

在这 29 站次重污染天气过程中,有 7 站次存在逆温,22 站次无逆温,占 75.9%。

(6)与混合层高度的关系

在这 29 站次重污染天气过程中,混合层高度在 500~700 m 的有 3 站次;在 700~1000 m 的有 10 站次;大于 1000 m 的有 16 站次,占 55.2%。

(7)与通风系数的关系

在这 29 站次重污染天气过程中,通风系数在 3000~8000 m^2/s 的有 4 站次;在 8000~10000 m^2/s 的有 8 站次,大于 10000 m^2/s 的有 17 站次。

5.2.2 重污染天气与污染物累积的关系

5.2.2.1 $PM_{2.5}$ 为首要污染物的重污染天气与污染物累积的关系

污染物的扩散需要一定的天气条件以及一定的时间,如果前一日污染物浓度大,且扩散条件不好,易造成污染物的继续堆积,形成重污染天气。在这 176 站次重污染天气过程中,前一日 $PM_{2.5}$ 日平均浓度小于 75 $\mu g/m^3$ 仅有 24 站次,日平均浓度在 75~100 $\mu g/m^3$ 的有 34 站次;在 100~200 $\mu g/m^3$ 的有 81 站次;大于 200 $\mu g/m^3$ 的有 37 站次。

5.2.2.2 PM_{10} 为首要污染物的重污染天气与污染物累积的关系

在统计的 29 站次重污染天气过程中,前一日 PM_{10} 日平均浓度小于 100 $\mu g/m^3$ 的有 8 站次,日平均浓度在 100~200 $\mu g/m^3$ 的有 10 站次;大于 200 $\mu g/m^3$ 的有 9 站次。

5.2.3 重污染天气预警模型

根据前述分析,$PM_{2.5}$ 重污染天气和 PM_{10} 重污染天气形成机制有所不同,因此,分别建立预警模型。

5.2.3.1 $PM_{2.5}$ 重污染天气预警模型

先根据各气象因子对重污染天气的影响进行指数划分，之后采用多因子叠套法构建重污染预报指数 ZK。ZK 指数计算方法如下：

$$ZK=2X_1+X_2+X_3+X_4+2X_5$$

式中：X_1、X_2、X_3、X_4、X_5 依次为日平均风速、日平均相对湿度、逆温（地面最低气温与 850 hPa 08 时温度差）、混合层高度以及前一日 $PM_{2.5}$ 日平均浓度的分指数，其单因子指数划分如表 5.10 所示。

表 5.10 重污染天气单因子指数划分方法

指数划分	日平均风速/(m/s)	日平均相对湿度/%	逆温/℃	混合层高度/m	前一日 $PM_{2.5}$ 日平均浓度/(μg/m³)
0		<50			
1	>3.3		>−3	≥1000	<75
2	(2,3.3]	[50,70)或<50但云量>5 成	(−6,−3]	[700,1000)	[75,100)
3	(1,2]	[70,80]	(−9,−6]	[500,700)	[100,200)
4	≤1	>80	≤−9	<500	≥200

当 ZK 指数较大时，预报有重污染天气。

另外，由于污染物浓度很高时，其消散需要一定的天气条件和时间，当前一日 $PM_{2.5}$ 日平均浓度大于或等于 200 μg/m³，且最低气温下降幅度在 5 ℃以内时，预报第二日仍有重污染天气。

5.2.3.2 PM_{10} 重污染天气预警模型

(1)日平均风速大于或等于 6 m/s；

(2) 日平均相对湿度小于 50%；

(3)前一日 PM_{10} 日平均浓度大于 100 μg/m³；

(4)日平均风速大于或等于 10 m/s。

同时满足上述(1)、(2)、(3)或者满足(2)、(4)条件，预报有重污染天气。

5.3 一次持续性重污染天气分析

杨雪艳等(2015)利用气象观测资料，对长春市一次持续性霾天气发生发展的环流形势、边界层风速、逆温强度、湿度垂直分布、混合层高度、通风系数等进行了分析，探讨持续性污染天气与气象条件的关系。

5.3.1 重污染天气实况

2013年1月11—17日，长春市出现了持续的重污染天气，首要污染物为$PM_{2.5}$，期间$PM_{2.5}$日平均浓度在173～375 μg/m^3，空气质量指数（AQI）均在200以上，最大达到417，12—15日空气质量等级均为6级，连续4 d为严重污染级别，11日以及16—17日为重度污染（表5.11）。

表5.11 2013年1月11—17日长春市空气质量

日期	$PM_{2.5}$日平均浓度/(μg/m^3)	AQI	空气质量等级
1月11日	184	234	5
1月12日	354	403	6
1月13日	282	332	6
1月14日	340	390	6
1月15日	375	417	6
1月16日	245	295	5
1月17日	173	223	5

5.3.2 持续性重污染天气与大气边界层气象条件的关系

大气对污染物的稀释、扩散能力与边界层气象条件密切相关，气象条件如风速、降水、温度、湿度以及通风系数、逆温强度、逆温层高度等对污染物的扩散、分布、稀释、迁移、转化等均会产生影响。苗爱梅等(2014)研究认为，地面弱的气压场、较小的风速和相对湿度的增大为持续性雾/霾天气过程的形成和发展提供了有利条件，边界层逆温的存在是雾/霾低能见度过程形成的必要条件。

5.3.2.1 重污染天气发生的环流背景

从2013年1月11—17日500 hPa高度距平及环流形势图（图5.21）可以看出，贝加尔湖到青藏高原为正距平，日本海到我国东北地区东部为负距平，长春市处于正、负距平交界处；期间东亚环流形势呈西高东低分布，从贝加尔湖到蒙古到青藏高原有一高压脊，在鄂霍次克海到日本列岛中部有一个低涡，同时也是一个冷空气中心，长春市主要处于低涡后部高压脊前，当暖高压脊略东移时，长春市就处于暖空气控制，当低涡后部冷空气入侵高压脊前部时，长春市就受弱冷空气影响。

重污染天气形成初期，正处于暖空气影响，11日低层气温较前期明显回升，长春市750 m到1500 m高度升温幅度平均达到7.5 ℃，而地面由于夜间辐射降温强，升温较慢，使750 m以下逆温达到7 ℃，大气层结异常稳定。加之地面为倒槽低压，气压梯度小，风力小，湿度大，形成了静稳天气，很不利于污染物稀释和扩散，导致霾天气形成。

12—17日，中西伯利亚冷空气3次向西向南扩散，致使在高压脊前再出现3次弱槽

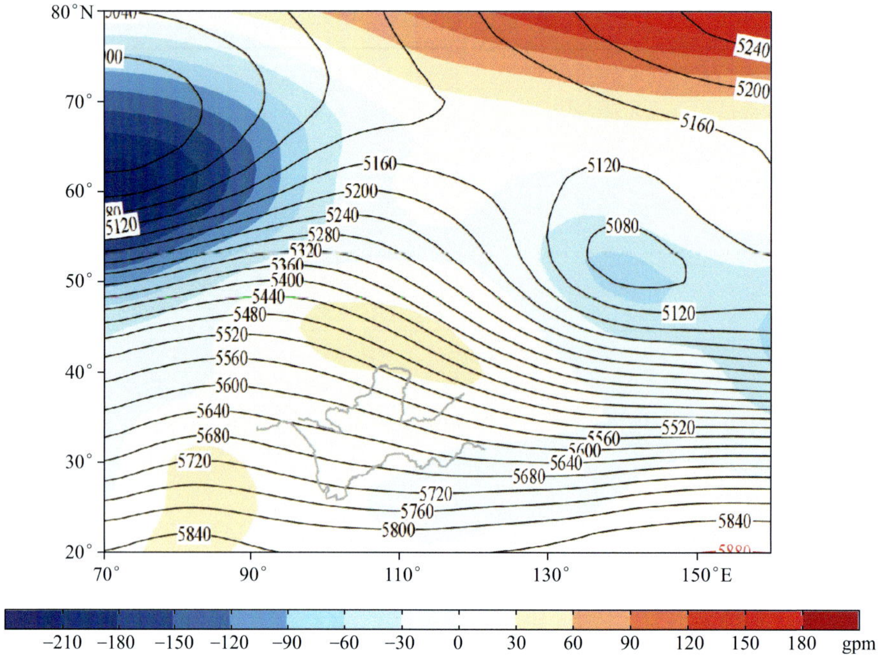

图 5.21 2013 年 1 月 11—17 日 500 hPa 高度场(黑色等值线)及距平场(阴影)

影响(图 5.22),但由于此间长春市低层冷暖空气势力相近,冷空气势力弱,导致了重污染天气的持续。此间 850 hPa 温度频繁小幅度升降,温度日变化在 3 ℃以内,如 12 日下降 3 ℃,13 日升高 2 ℃,14 日又下降 3 ℃,15 日升高 1 ℃,16 日又下降 2 ℃,17 日再升高 1 ℃,没有强冷空气影响,因此,静稳气象条件持续,造成了持续霾天气。

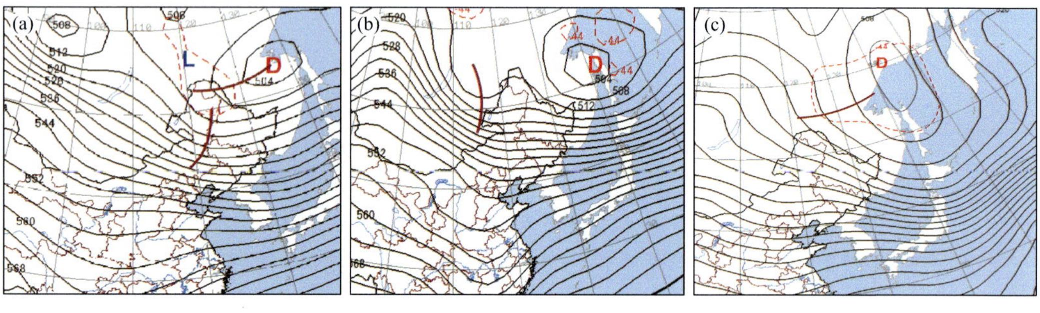

图 5.22 2013 年 1 月 500 hPa 环流形势

(a)12 日 08 时;(b)13 日 08 时;(c)15 日 08 时

从地面影响系统上看,11—12 日为弱低压影响,13 日为高压影响,14—17 日为倒槽影响,长春市气压梯度都比较小,因此,地面风一直较小(图 5.23)。

5.3.2.2 重污染天气与边界层风速的关系

此次重污染天气持续发生期间(1 月 11—17 日),长春市地面平均风速为 1.7 m/s,比常年同期 3.0 m/s 减少 43.3%,有 5 d 风速小于 2.0 m/s,期间每日风速均低于常年

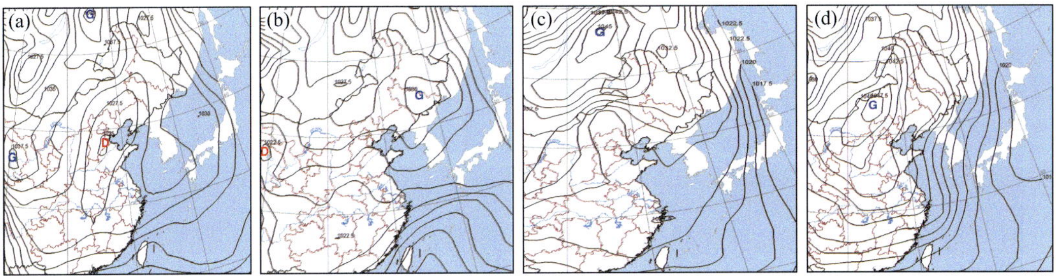

图 5.23 2013 年 1 月地面气压场

(a)11 日 08 时;(b)13 日 08 时;(c)15 日 08 时;(d)17 日 08 时

(1981—2010 年)同期(图 5.24),且 2013 年为 2001 年以来同期风速最小的一年(图 5.25)。而同月空气质量较好的 2—4 日(空气质量为 2 级),平均风速分别为 3.5 m/s、3.5 m/s 和 5.0 m/s,明显高于霾发生期间的地面风速。从 925 hPa 风速可以看出,11—17 日 925 hPa 平均风速为 5.2 m/s,风速较小。可见,近地层风速小,空气水平流动弱,不利于污染物水平扩散,造成了此次持续性重污染天气。

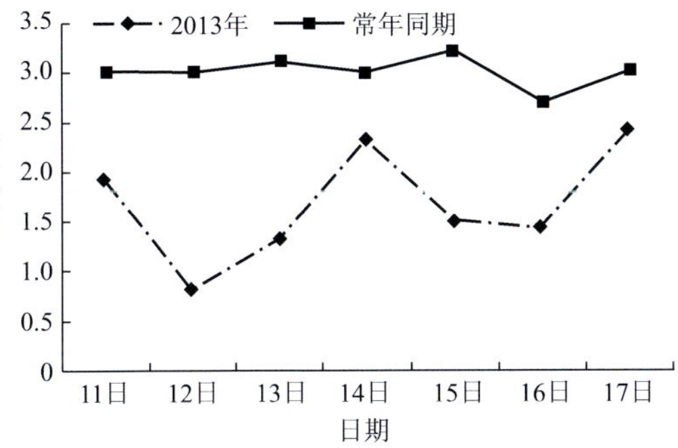

图 5.24 2013 年 1 月 11—17 日长春市日平均风速与常年同期对比

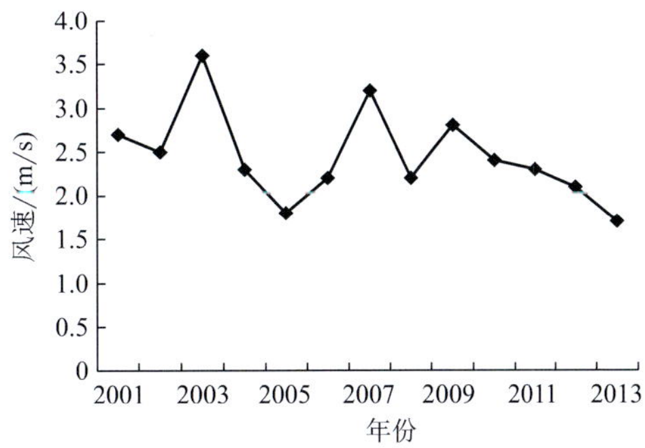

图 5.25 2001—2013 年 1 月 11—17 日长春市平均风速

5.3.2.3 重污染天气发生时温度的垂直结构特征

一般来说,大气对流层内温度随高度递减,即底层暖上层冷,有利于地面气流上升,底层空气中的污染物可以向上扩散。但在某些特殊情况下,高层气温反而高于低层气温,这种现象称为逆温。逆温层的物理特征是下冷上暖,气体状态稳定,对气体上下对流有抑制作用,不利于大气污染物扩散,逆温厚度越厚,持续时间越长,造成的污染越严重。

逆温层高度是指大气逆温层顶与底之间的垂直距离。逆温层内大气温度垂直递减率可以反映逆温强度,越大表示逆温越强,越不利于大气污染物扩散。

赵桂香等(2011)对 1994 年 11 月发生在山西省的持续性雾/霾天气过程进行分析,表明 850 hPa 以下相对湿度的变化是判断雾/霾天气形成的基本条件;而逆温层的持续存在是雾/霾天气持续的重要原因;湿度差异和逆温强度差异可作为判断大范围雾/霾天气的指标。

分析表明：此次重污染天气发生期间，1500 m 高度以内温度随高度升高，即存在逆温层，1500 m 高空与地面逆温平均达到－6.4 ℃，逆温层厚度平均达到 1500 m，逆温强度平均达到 0.43 ℃/(100 m)，13 日最强，为 0.71 ℃/(100 m)(图 5.26)，且每天都有逆温存在，说明这些天长春市逆温层深厚，严重抑制了空气中污染物的扩散。

5.3.2.4 重污染天气与边界层湿度的关系

地面相对湿度增大有利于颗粒物吸湿增长和污染加剧，相对湿度越大，越容易发生重污染(李树岭 等，2019；王秀玲 等，2020)。这次污染发生期间，湿度垂直分布为上干下湿，地面到 750 m 附近湿度大，特别是地面平均相对湿度为 74.6%，比常年同期高 8.6%，且每一天都高于常年同期(图 5.27)。而 1500 m 到 3000 m 湿度迅速减小，3000 m 附近相对湿度仅为 37%。

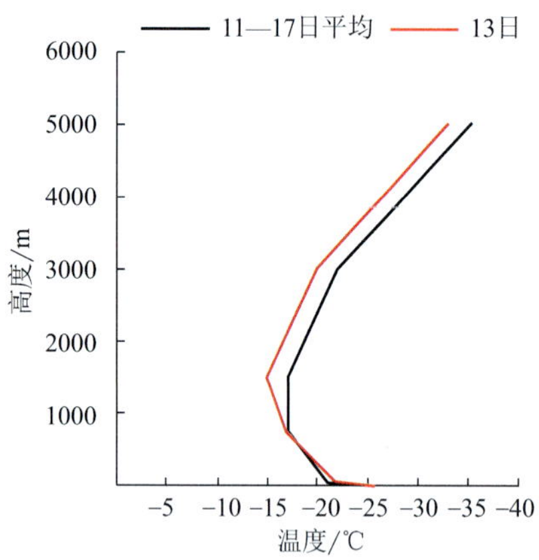

图 5.26 温度垂直分布

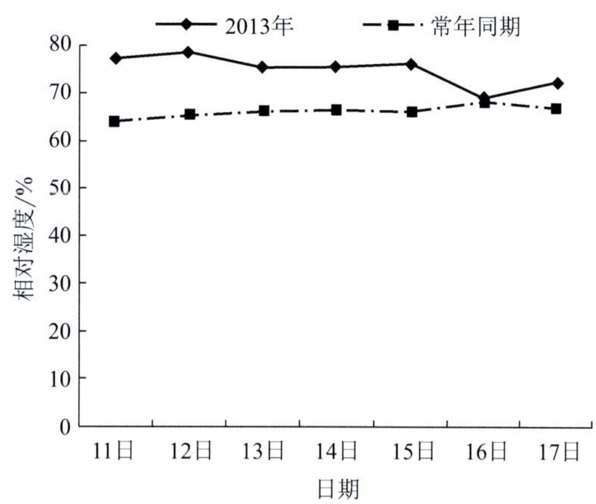

图 5.27 2013 年 1 月 11—17 日相对湿度与常年同期对比

5.3.3 重污染天气与混合层高度、通风系数的关系

大气边界层中性或不稳定时，由于动力或热力湍流的作用，边界层内上下层之间产生强烈的动量或热量交换。通常把出现这一现象的层称为混合层。

叶堤等(2008)研究表明，月平均混合层厚度和月平均 API 呈显著负相关。杨静等(2011)对乌鲁木齐混合层高度与空气污染的关系进行了分析，发现混合层高度与 API 相关系数为－0.95，表明大气混合层高度是影响空气质量的重要因素。

混合层高度存在日变化特征，夜间低，中午前后高；这里所指的混合层高度为当日日平均混合层高度，即 02 时、08 时、14 时、20 时 4 个时次混合层高度的平均。

此次重污染天气发生期间，长春市上空大气混合层高度偏低，平均混合层高度为 641 m，最低为 363 m。从 9—18 日混合层高度和空气质量指数(AQI)图(图 5.28)可以看出，混合层高度和AQI存在反比关系，混合层高度越低，AQI越高，空气污染越重。9日、10日混合层高度在830～870 m，AQI低于200，11日混合层高下降到724 m，AQI达到234，开始出现重度污染天气，12日混合层高度下降到363 m，当日AQI达到403，开始出现严重污染天气，12—16日，混合层高度都在800 m以下，AQI在295～417，都出现严重污染天气；17日、18日混合层高度分别上升到917 m和1100 m，而AQI分别下降到223和191。

通风系数是反映大气边界层内通风情况的物理量，值越小越不利于污染物扩散。此次重污染天气发生期间，长春市边界层内通风系数较小。从9—18日边界层通风系数和AQI对比图上可以看出，通风系数越小，AQI越高，空气污染越重(图5.29)。9日、10日边界层通风系数大于3000 m^2/s，AQI低于200，11日通风系数减小到2500 m^2/s以下，AQI上升，开始出现重度污染天气，12—16日，通风系数都在3000 m^2/s，AQI都高于200，特别是12日和15日，通风系数很小，分别为780 m^2/s和1116 m^2/s，而AQI分别达到403和417；17日通风系数增大，AQI开始大幅度降低，18日随着通风系数进一步增大到6000 m^2/s以上，AQI下降到200以下。

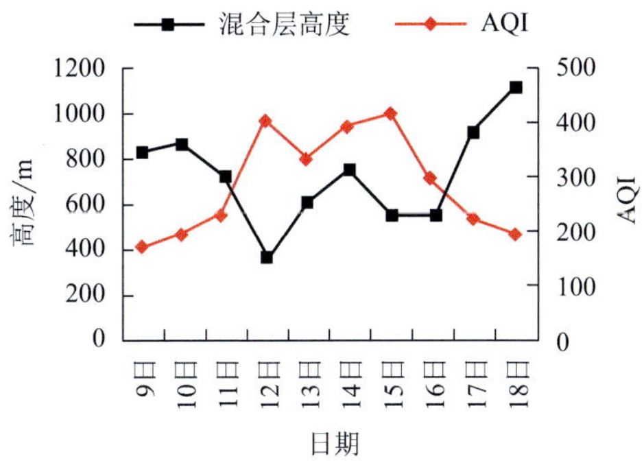

图5.28 2013年1月9—18日长春市混合层高度及AQI对比

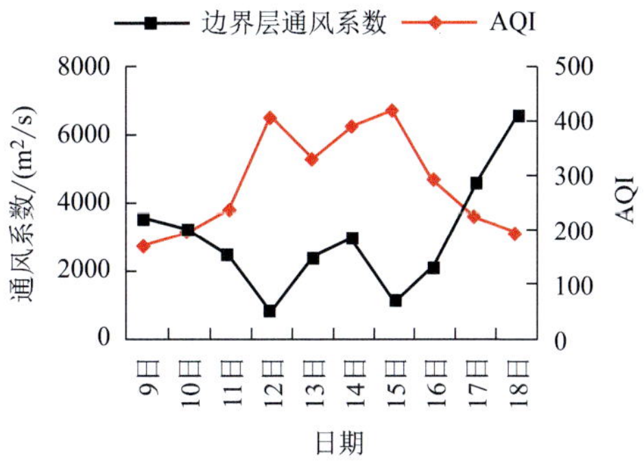

图5.29 2013年1月9—18日长春市通风系数及AQI对比

5.3.4 小结

高压脊前不断有弱槽扰动，但冷空气弱，小幅度冷暖变化频繁，当高空回暖时，由于地面夜间辐射降温强，地面温度仍然较低，致使大气逆温强，逆温层厚；加之地面气压梯度小，导致持续静稳天气。持续静稳天气严重抑制了污染物的扩散，引发了重污染天气。

混合层高度持续低于800 m，大气湍流交换能力持续偏弱，导致重污染天气持续。

边界层内风速小，通风能力弱，通风系数持续小于3000 m^2/s，空气水平流动慢，使污染物水平扩散能力差，也是导致此次重污染天气的重要原因。

第 6 章 环境气象数值预报模式应用

6.1 吉林省 WRF-CMAQ 空气污染预报系统

6.1.1 CMAQ 模式简介

Models-3/CMAQ 模式(Community Multi-scale Air Quality Model)是美国环境保护署(USEPA)主导开发的第三代区域级别的环境空气质量模式,可用来进行污染物浓度预报和环境政策评估。CMAQ 模式秉承"一个大气(One Atmosphere)"的理念,将整个大气作为研究对象,在各个空间尺度上模拟所有大气物理和化学过程。该模式系统致力于提供一个功能强大而且易于使用的模拟平台,它使用一套各个模块相容的大气控制方程,具备更为完善的化学机制和气溶胶模块,不仅可用于日常空气质量预报,而且可为环境工作者进行环境评估和制定环境控制决策提供支持,是理想的大气质量业务系统。

Models-3/CMAQ 模式系统由中尺度气象模式、污染源排放模式和多尺度空气质量模式 3 部分组成,其核心是多尺度空气质量模式 CMAQ,可进行局地、城市、区域和大陆等多种尺度的污染物模拟和预报研究。其区别于前两代空气质量模式的最大特点是它可以实现多种污染物、多尺度的大气污染预报。由于 Models-3/CMAQ 模式系统具有通用性、灵活性、开发性等优点,近几年发展迅速,成为国际上应用最为广泛的空气质量预报系统之一。

本套业务系统运行在长春市气象局高性能计算机集群上,共包括 22 个节点,其中 node1 是头节点,负责系统管理、任务启动,node3~node23 为计算节点,负责执行计算任务。

6.1.2 WRF-CMAQ 模式简介

吉林省 WRF-CMAQ 源同化空气质量预报系统由 WRF 业务预报输出、SMOKE 污染源处理、CMAQ 空气质量预报、污染源同化、预报产品订正等模块组成(图 6.1)。

模式系统采用吉林省气象部门已有的 WRF 业务模式输出结果,可实时同化多种观测数据,可提高气象场的预报准确性;另外,该系统采用全国范围高分辨率(0.25°×0.25°)的排放清单,其排放源强的不确定性小于 2006 年 Streets 的排放源,可提高空气质

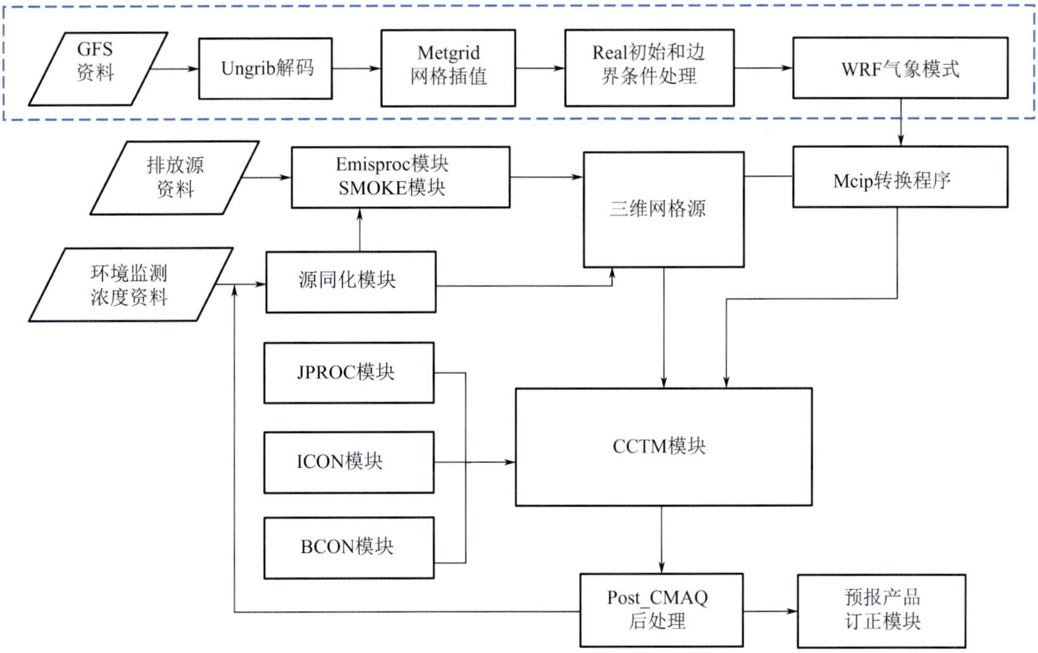

图 6.1 WRF-CMAQ 模式总体框架

量预报准确率。

该模式系统采用简单易行且具有较高可信度和应用价值的"Nudging"源同化修正模型反演具有合理客观、动态更新的排放源清单，为污染源改进、雾/霾预报预警及污染调控效果评估提供了较好的技术支持和简便工具。

系统可提供 PM_{10}、$PM_{2.5}$、NO_2、SO_2、O_3、CO 等 6 种污染物浓度未来 72 h 预报，实现了多种污染物、多空间尺度范围、多时间尺度时效的预报。

6.1.3 WRF-CMAQ 业务系统的实现

WRF-CMAQ 污染源和气溶胶同化空气质量预报模式系统以 WRF 模式系统为基础，增加了污染源同化、气溶胶资料同化模块和 $PM_{2.5}$、PM_{10} 等二次污染物预报产品非线性订正模块，显著提高了 SO_2、NO_2、CO 等一次污染物和 $PM_{2.5}$、PM_{10}、O_3 等二次污染物的预报水平。

预报区域中心点位于(126.5°E,43.5°N)，经纬度范围：121.67°～133.51°E,39.62°～47.30°N，网格距为 3 km，网格数为 280×307，覆盖吉林全省范围，包括长春、吉林等重点关注城市及沈阳、哈尔滨等周边城市(图 6.2)。

系统每天 08 和 20 时(北京时)自动业务运行两次(图 6.3、图 6.4)，预报计算区域和 33 个环境监测站点未来 3 d 的 6 种污染物逐时浓度及 AQI、污染等级、首要污染物等，并生成预报图形产品(图 6.5)。

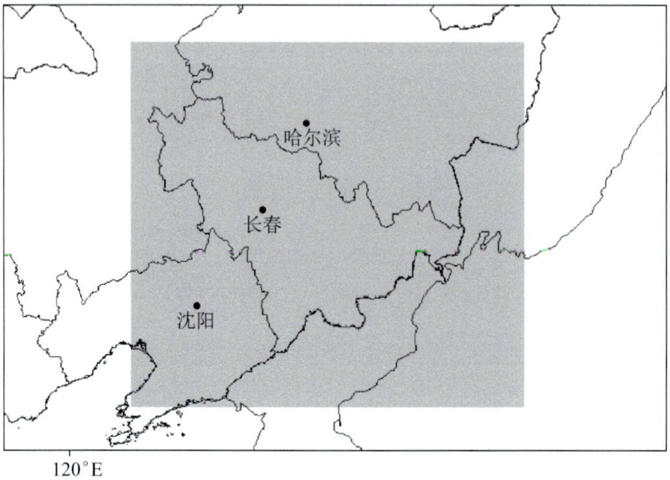

图 6.2 预报区域及网格设置

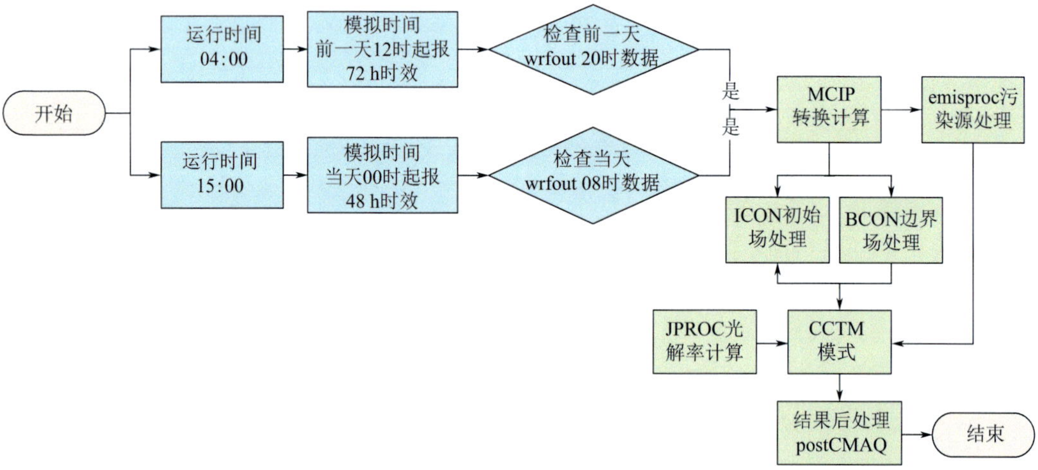

图 6.3 业务运行流程示意图

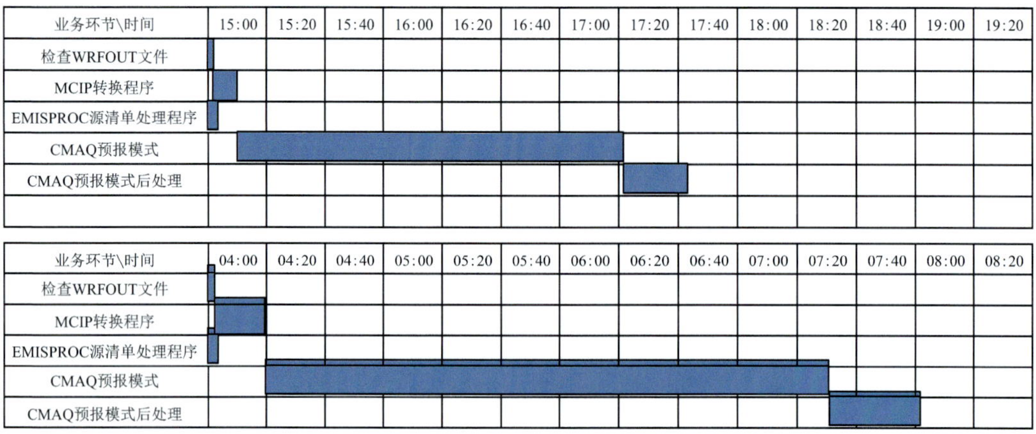

图 6.4 08 和 20 时业务系统运行时间进程

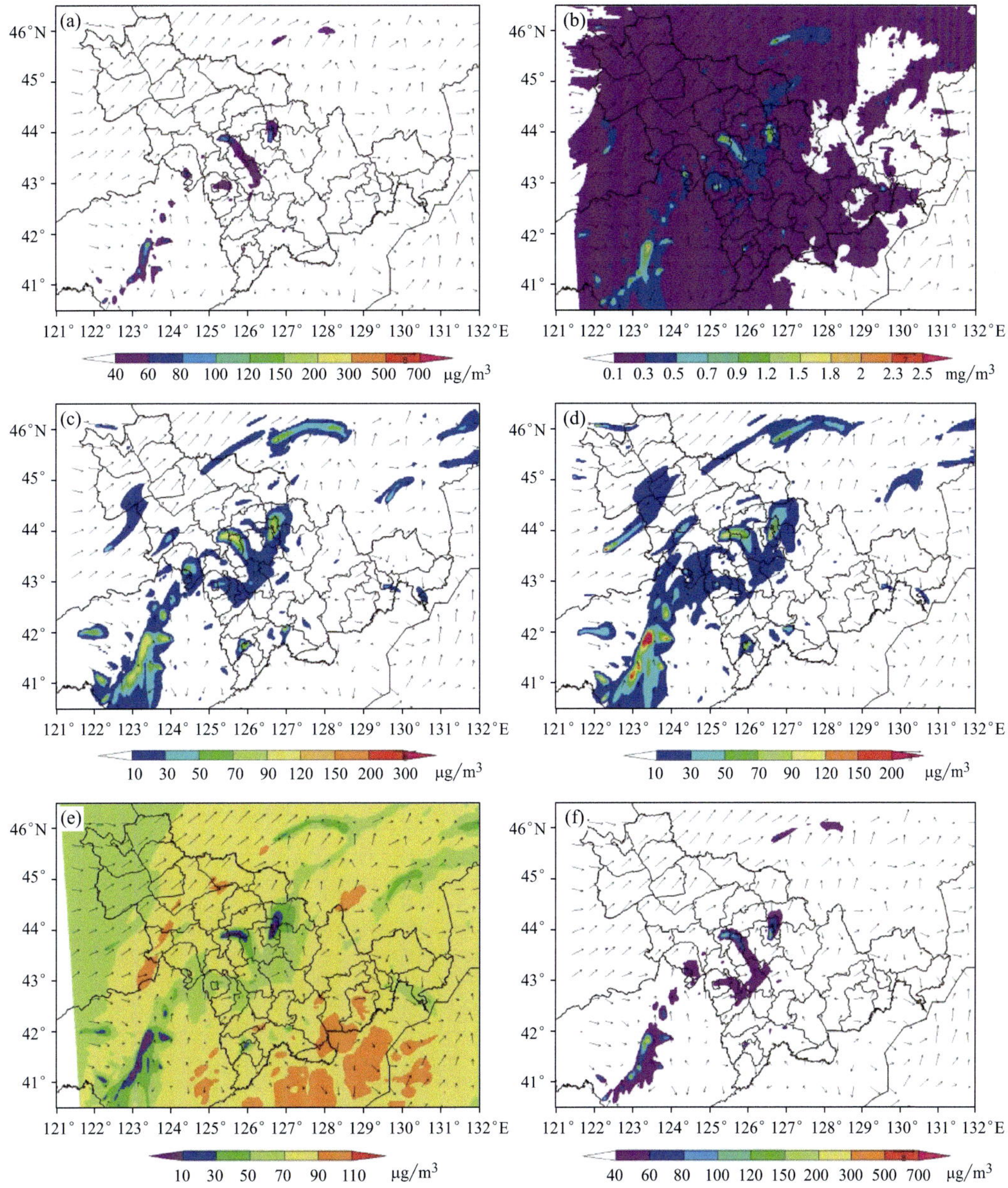

图 6.5 WRF-CMAQ 模式输出的 6 种污染物浓度预报产品

(a)$PM_{2.5}$;(b)CO;(c)NO_2;(d)SO_2;(e)O_3;(f)PM_{10}

空气质量数值预报模式系统 CMAQ4.7.1 的本地化工作主要包括以下 5 个部分:SMOKE 污染源处理、CMAQ 空气质量预报、污染源同化改进、模式后处理、预报产品订正。

(1)SMOKE 模式

排放源处理基于 SMOKE 模式生成三维网格排放源文件,由美国 MCNC 环境模式中心开发,可以为多个空气质量模式提供网格化的排放源。SMOKE 可处理对象包括面源、点源、机动车源。通过综合考虑人口、道路、下垫面等排放源空间分布属性确定面源空间分布。点源排放根据位置、气象条件确定点源三维空间分布。机动车源考虑气象条件对机动车排放的影响。污染源处理流程见图 6.6。本系统采用的是 2010 年清华大学基础排放清单(图 6.7)。

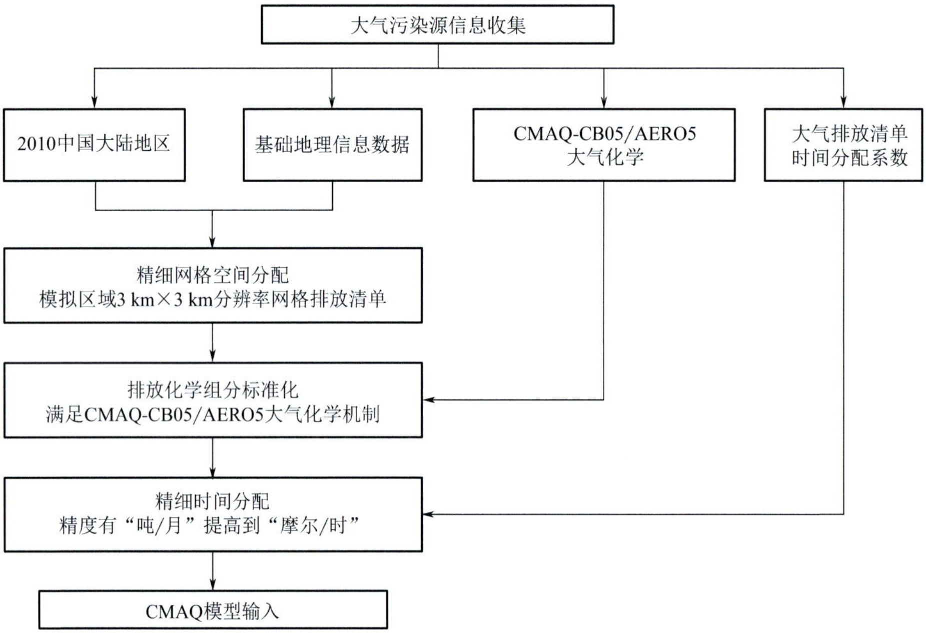

图 6.6　污染源处理流程示意图

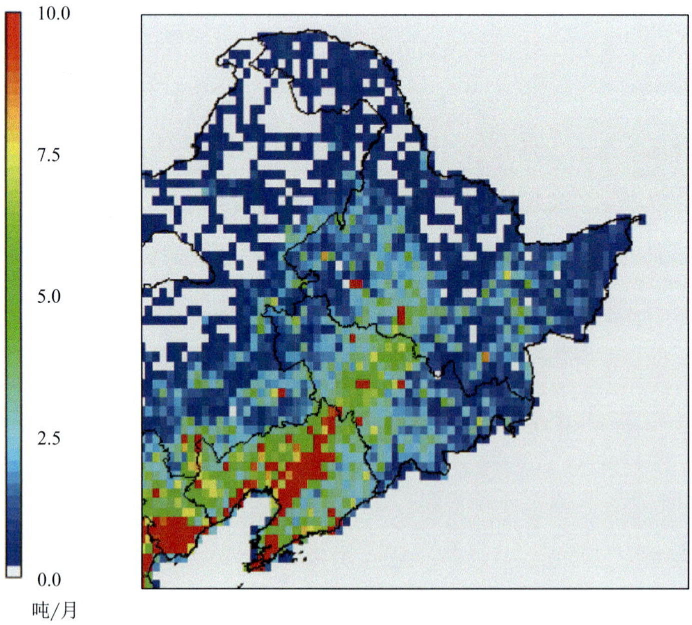

图 6.7　排放清单

空间分配处理：综合考虑交通、人口、企业和村庄等因素，得到 $PM_{2.5}$ 的综合污染源分布图（图 6.8）。

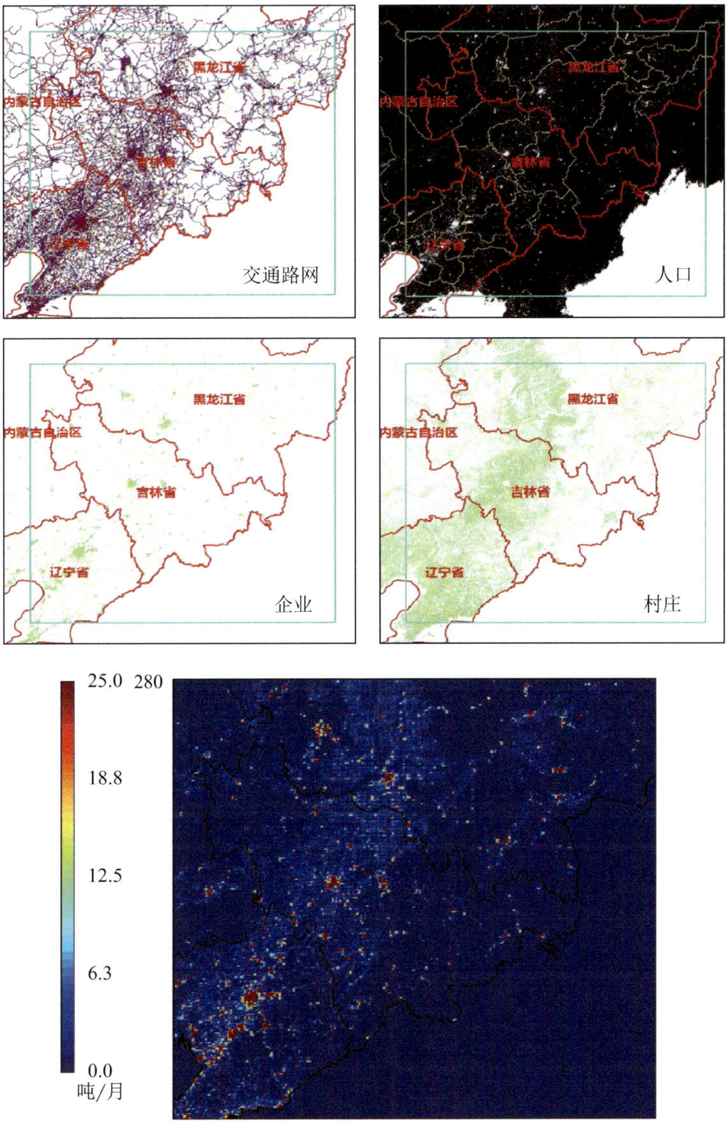

图 6.8 交通、人口、企业和村庄分布以及 $PM_{2.5}$ 的综合污染源分布

垂直分配处理：对电厂和工业污染源排放高度进行分配，使用工具为 SMOKE 模型的 layalloc 工具，结合排放高度和气压层高度进行垂直排放插值处理。对于工业源，烟囱高度范围一般为 20～180 m，具体高度与具体的行业及规模有关。考虑烟羽抬升后，排放空间范围以 150 m 为界限分为 20～150 m 和 150～300 m，每个区域排放占比为 50%。区域内按照 10 m 间隔均匀划分排放占比。对于电厂排放源，烟囱高度范围一般为 120～240 m，考虑烟羽抬升后，排放空间范围设定为 150～500 m，按照 50 m 间隔均匀分配。

时间分配处理：分别对 MEIC 清单的 5 种排放源进行时间分配处理，大气污染源排放时间变化特征谱采用 SMOKE 模型时间谱数据库。处理后，污染源排放清单时间分辨率为 1 h，满足 CMAQ 模式的需要。

化学成分分配处理：大气污染源排放化学成分特征谱采用 SMOKE 模型化学物种谱数据库（数据源为 USEPA 发布的 SPECIATE 数据库），处理后污染源清单满足 CMAQ-CB05/AE5 大气化学机制要求。

(2)CMAQ 模式

美国环境保护署极力推广使用的第三代空气质量模式系统，基于“一个大气”的理念设计完成，考虑大气中所有物理过程以及多物种、多相态污染物化学反应过程。考虑化学输送平流、气相化学、烟羽处理、干沉降、湿沉降等过程，同时包含气溶胶模块，可计算气溶胶转化，提供多种化学机制选项。可用于日常的区域和城市尺度空气质量预报，还可用于评估污染物减排效果、预测环境控制策略对空气质量的影响，从而制定最佳的调控方案。

模拟区域设置：单重网格（WRF 第二重预报区域 4 个方向向内收缩 3 个格点），中心点位于(126.5°E，43.5°N)，经纬度范围：121.67°～133.51°E，39.62°～47.30°N，网格距为 3 km，网格数为 280×307。垂直方向为不等距网格共 16 层，其分辨率在大气低层较高并随高度逐渐降低，其中近一半分布在 2 km 以下，以便更好地描述污染物在大气边界层中的演变过程。

物理过程设置：水平平流和垂直对流采用 PPM 算法；垂直扩散采用 Crank-Nicholson 算法；考虑了干沉降和湿沉降过程。

化学机制：选用改进的 CBM-V 机理(cb05cl_ae5_aq)，该机理同时考虑液相和气溶胶化学，化学机理利用 QSSA 算法求解。

气象场输入：逐时的气象场输入采用 WRFv3.3.1 的预报结果，包括高度和气压场、风场、温度场、水汽场、云量、降水以及垂直扩散系数等。

源排放输入：SMOKE 污染源实时处理模式的输出结果。

初始条件和边界条件设置：采用前一天的输出结果作为初始浓度场和边界值。

(3)CMAQ 模式“Nudging”源同化反演方法

在空气质量预报方程中加入排放源的“张弛调整项”，以减少模式预报结果与污染物实测浓度的误差；采用该污染源同化方法和 CMAQ 模式进行了长期预报试验，可显著改善中国地区不同城市 SO_2、NO_2 浓度的预报趋势，明显减少预报误差，并且适用于中国不同地区、不同季节、不同天气过程，目前可反演得到一次污染物、动态更新的排放源，具有较好的业务应用潜力。

(4)预报产品订正

采用具有强非线性表达能力的自适应偏最小二乘回归法和各环境监测站 6 种污染物前 10 d 的预报浓度与实测浓度以及该站实测风速、风向、温度、湿度、气压建立滚动订正模型，并采用该订正模型对 6 种污染物浓度预报产品分别进行订正。针对不同的污染物建立不同的滚动订正模型，而且可根据不同季节不同污染物的预报效果对统计订正模型的自变量和样本数进行调整。自适应偏最小二乘回归法(Adaptive Partial Least Squares Regression,APLSR)具有强非线性表达能力,根据预测对象在自变量空间中的位置,自适应地分析各样本的预测能力,为它们分配回归权值。又考虑到变量间存在交互作用,实施加权的偏最小二乘回归,以建立针对该预测对象、预报性能良好的预测模型。

(5)预报效果检验

选取2014年11月—2015年2月441个样本,其中滤除了数据异常、模式运行问题、无实况数据的天数。只针对24 h预报进行检验。实况为环保局提供的6种污染物实况数据及AQI数据。结果表明,模式对于2级具有较好的预报能力,但对于1级和4级预报能力较差,5级及以上没有预报能力(图6.9)。

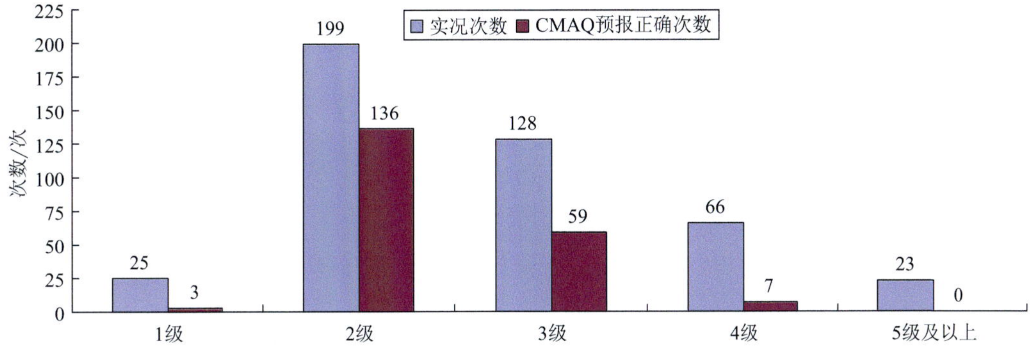

图6.9 空气质量预报和实况对比

CMAQ模式预报的6种污染物浓度时间变化趋势与实测值较一致,其中NO_2、O_3预报误差较小,相关系数较大,SO_2、$PM_{2.5}$、CO次之,PM_{10}的误差相对较大。从图6.10可以看出,模式对于$PM_{2.5}$浓度在150 $\mu g/m^3$以下时有较好的预报能力,但对于$PM_{2.5}$浓度在150 $\mu g/m^3$以上的重度污染天气几乎没有预报能力。

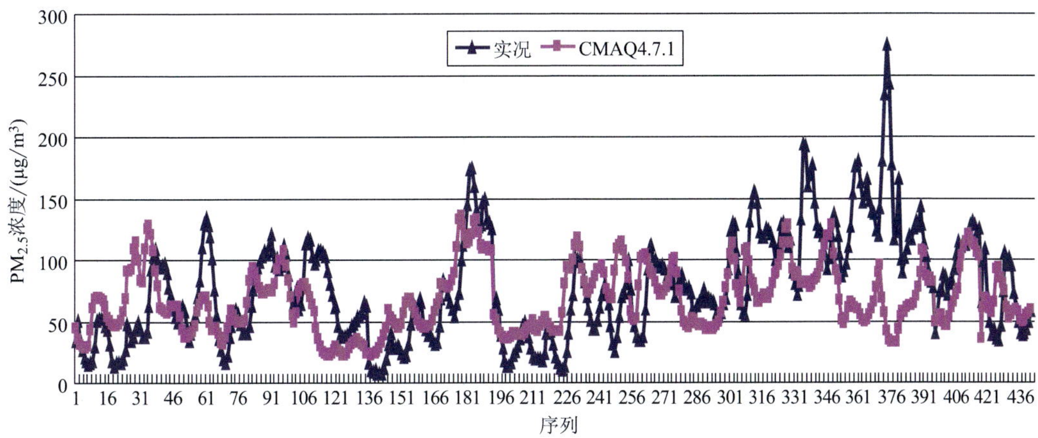

图6.10 $PM_{2.5}$浓度预报和实况对比

6.2 吉林省 WRF-Chem 预报业务系统

6.2.1 系统概述

(1)数值预报模式

WRF-Chem(Weather Research and Forecasting Model-Atmospheric Chemistry)是美国国家大气研究中心(NCAR)、美国国家环境预报中心(NCEP)等研究开发的一个大气化学数值预报模式。

吉林省 WRF-Chem 中尺度数值预报模式，初边值场应用 NCEP 全球预报场资料；资料同化使用 WRFDA 数据分析系统对 NCEP 实况资料进行 6 h 同化。

(2)运行环境

在并行集成高性能计算机系统上运行，使用 8 个计算节点，每个节点 16 个处理器，共使用 128 个核心处理器。

(3)预报区域

东北区域：分辨率为 16 km，区域范围为(116°～135°E，37°～54°N)。

吉林省区域：分辨率为 4 km，区域范围为(121.5°～131.5°E，40.5°～46.5°E)。

(4)预报时间和时效

每天 2 次预报，分别为 08 时和 20 时预报。预报时效 90 h，实际可用预报时效 72 h。

6.2.2 主要预报产品

(1)区域空气质量预报

区域空气质量预报主要是空气质量指数预报和空气质量等级预报，提供 0～24 h、24～48 h 和 48～72 h 的 24 h 空气质量预报(图 6.11 和图 6.12)。

(2)区域空气污染物浓度预报

$PM_{2.5}$、PM_{10}、SO_2、NO_2、CO 和 O_3 等 6 种污染物浓度预报场，时间分辨率 3 h，CO 单位为 mg/m^3，其他污染物单位均为 $\mu g/m^3$(图 6.13 至图 6.17)。

(3)主要城市空气质量预报

长春市空气污染物浓度预报时序图见图 6.18。

(4)全省台站污染物浓度预报

全省 54 个气象观测台站的预报数据文件，提供各台站未来 72 h 的 6 种污染物浓度数据，时间分辨率为 1 h；CO 单位均为 mg/m^3，其他污染物单位均为 $\mu g/m^3$。

(5)产品提供形式

建立了空气质量预报查询模块，嵌入了吉林省数值预报业务平台，全省气象部门各级业务人员都能通过业务内网查看或下载所有业务预报产品。

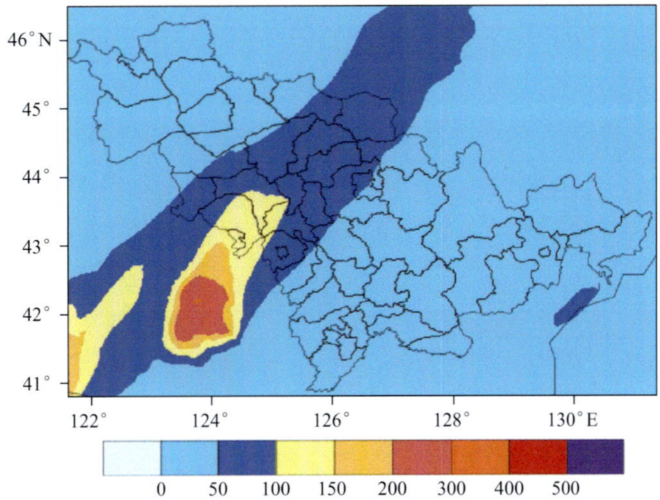

图 6.11 吉林省空气质量指数预报(0～24 h)

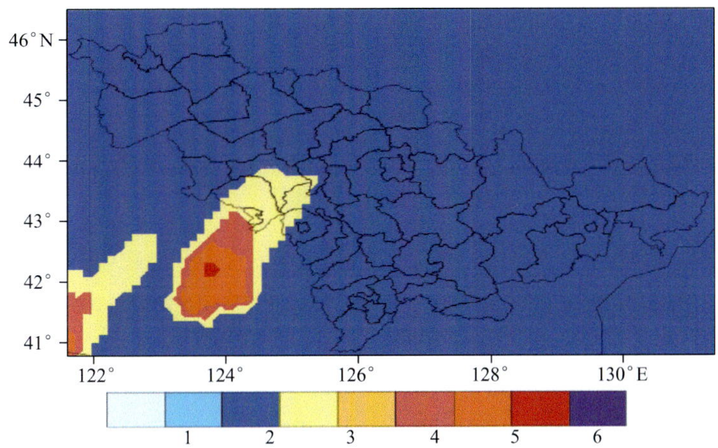

图 6.12 吉林省空气质量等级预报(0～24 h)

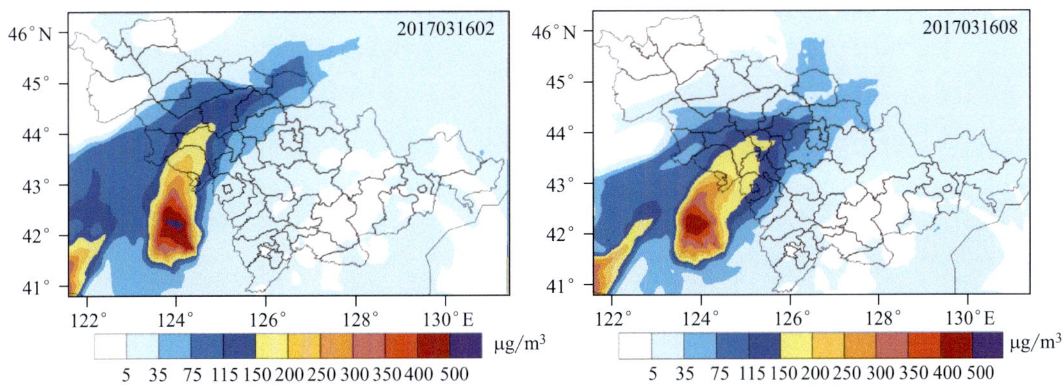

图 6.13 吉林省 $PM_{2.5}$ 浓度预报

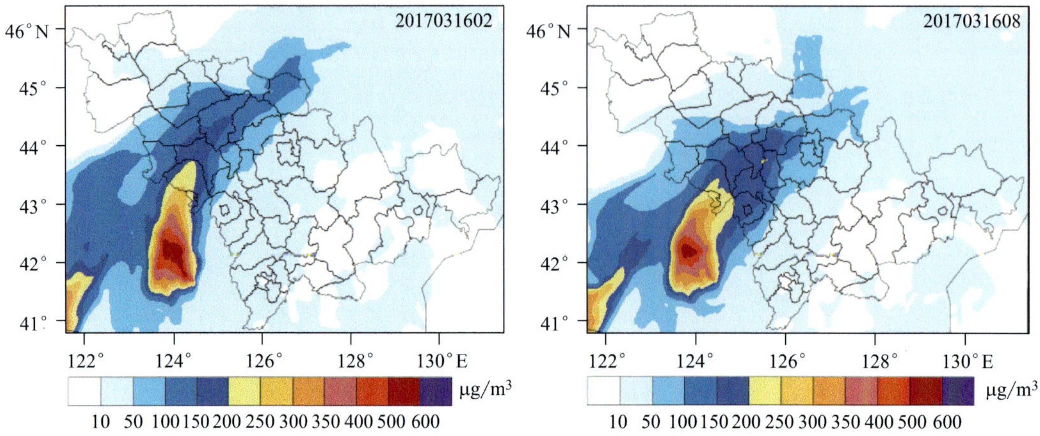

图 6.14 吉林省 PM_{10} 浓度预报

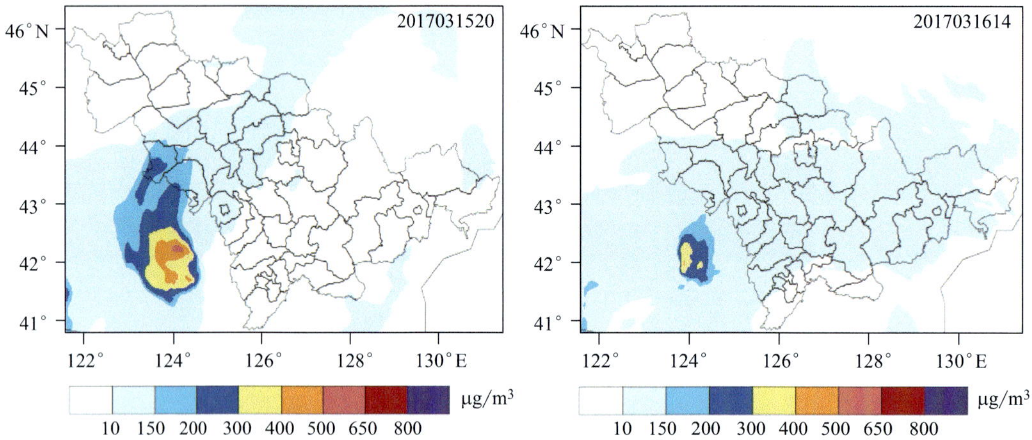

图 6.15 吉林省 SO_2 浓度预报

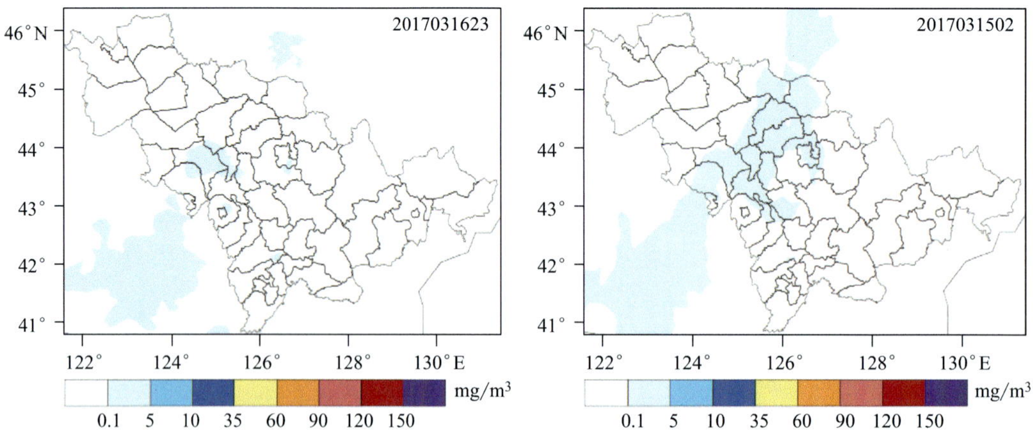

图 6.16 吉林省 CO 浓度预报

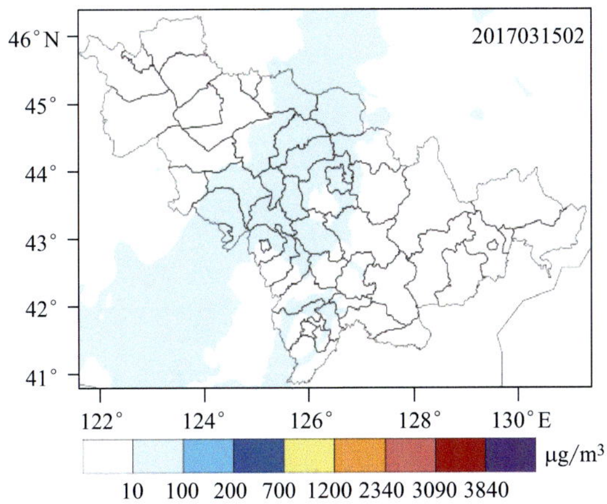

图 6.17 吉林省 NO_2 浓度预报

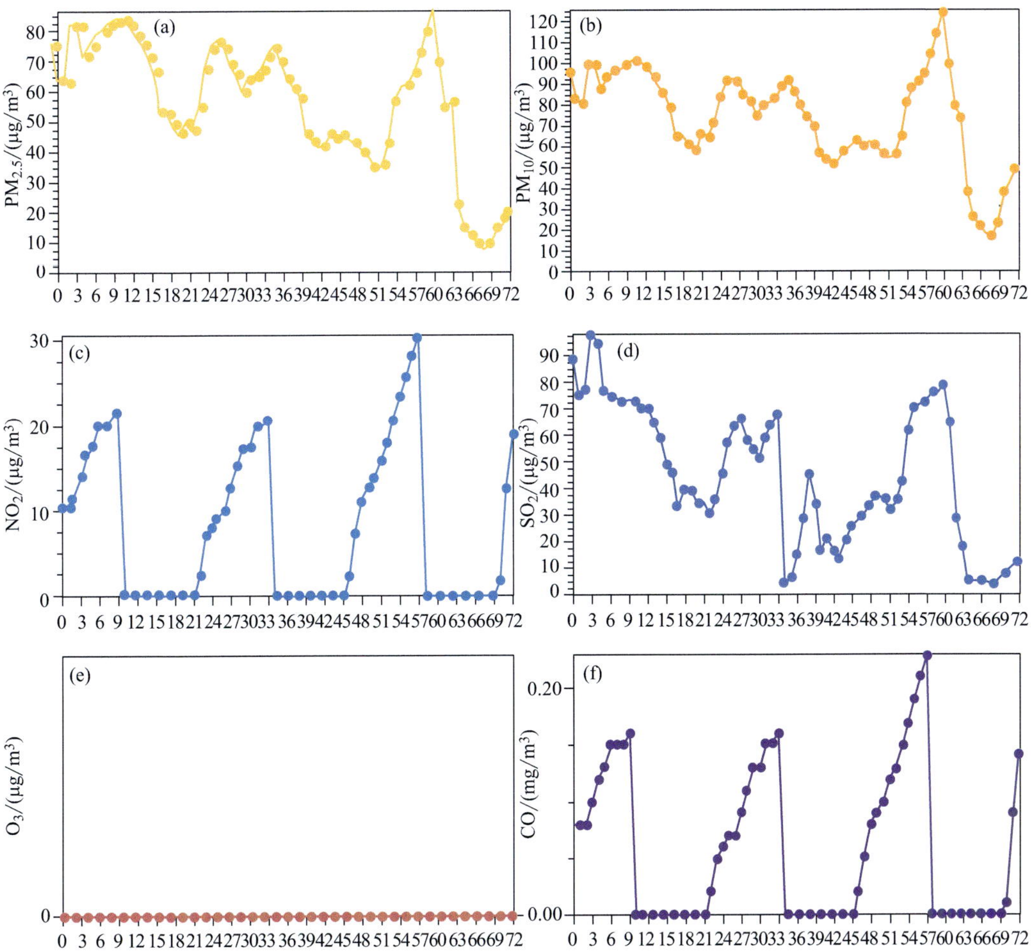

图 6.18 长春市 6 种空气污染物浓度时序图

(a)$PM_{2.5}$；(b)PM_{10}；(c)NO_2；(d)SO_2；(e)O_3；(f)CO

6.2.3 应用情况

吉林省气象局环境空气质量数值预报业务系统从 2015 年 3 月 1 日开始试运行，每天按时进行 2 次预报业务计算并提供预报产品，每次预报运行时间约 240 min。所有业务预报产品都实现了网络发布。

6.3 WRF-HYSPLIT 污染物轨迹模型预报业务系统

6.3.1 模式简介

HYSPLIT 模式的发展已有 20 多年的历史，1982 年第一个版本诞生，由 Draxler 和 Taylor 开发，这个版本只能使用探空观测资料，对扩散过程采用非常简单的假定：认为白天的混合为一常值，夜晚则没有扩散混合。1988 年，Draxler 和 Stunde 对扩散混合过程的处理作了进一步改进，可以随风温廓线的不同而有时空变化。1990 年 HYSPLIT3 推出，气象资料的输入由原来使用探空资料改进为使用气象格点资料，既可以使用大尺度再分析资料，也可以应用短期数值天气预报模式的输出气象场。目前，该模式的版本已经发展到 4.9 以上，每年不定期进行更新。

HYSPLIT-4.9 模型是由 NOAA 的 ARL(Air Resources Laboratory)和澳大利亚气象局一起努力合作研发的，既能够计算简单的空气块的轨迹，又能够计算复杂的扩散和沉降模拟的较为完整的系统。

该模式支持多种不同垂直坐标系统的气象场，包括气压坐标、地形-σ 坐标和气压-σ 混合坐标等。需要的气象变量至少包括：u、v 风(水平风速)，气温 T，高度 Z 或气压 P，以及地面气压 P_o。所有输入的气象场首先根据不同的坐标系转换并插值到模式定义的坐标系统，然后模式进一步进行平流或扩散的计算。

模式采用地形追随坐标(σ)，假设空气块的移动受风的影响而其轨迹位置为时间和空间矢量的积分。三维速度矢量是在空间和时间上线性插值得到的，具体计算公式如下：

$$P'(t+\Delta t)=P(t)+V(P,t)\Delta t$$

$$P(t+\Delta t)=P(t)+0.5\times[V(P,t)+V(P',t+\Delta t)]\Delta t$$

式中：气块初始位置为 $P(t)$；气块初始假想位置为 $P'(t+\Delta t)$；气块最终位置为 $P(t+\Delta t)$；$V(P,t)$ 为初始位置时三维速度矢量；$V(P',t+\Delta t)$ 为初始假想位置的三维速度矢量；Δt 为时间步长，要求 $\Delta t<0.75$ 格距$/U_{max}$，U_{max} 为最大风速，也即一个时间步长内气团的移动不超过 0.75 个格距，$U_{max}\Delta t<0.75$。以下各时间步长依此类推，这样气块的轨迹就为气块在空间和时间上的位置矢量的积分。

当计算出的轨迹数巨大时，就不能够直观地显示其路径，另外，为了排除个别异常轨迹的影响，可以采用簇分析的方法对轨迹进行聚类分析。轨迹合并和分类的方法是按照轨迹路径最近的原则进行的。定义每类的空间方差为该类每条轨迹与该类所有平均轨迹对应点的距离平方和，合并后所有类的空间方差之和增加量（TSV）最小时对应的聚类分析就是最后结果。

模式在时间上可以计算前向轨迹和后向轨迹，前向轨迹从污染源出发计算轨迹，然后沿轨迹从污染源出发模拟该污染源排放的污染物通过输送扩散过程对计算区域内空气污染的影响，再把多个污染源计算的结果进行叠加。由于各个污染源造成的污染浓度分布是分别计算后再叠加的，因此，容易用来计算各个污染源关于选定位置空气污染浓度的贡献比例。但也因为污染源是分别计算的，一些非线性过程便难以模拟，所以湿沉降、云雨过程及化学转化等只能通过参数化的形式来表示。后向轨迹模式以选定位置为基点，计算气团到达该位置的轨迹，然后沿轨迹计算气团一路上经过哪些污染源，因此，受到影响，并经历各种物理化学过程，直到到达该选定位置。后向轨迹模式可以包括复杂的化学反应，也能较清晰地说明各个污染源和受体之间的关系，但不能模拟扩散过程。综合误差的测量可以通过从前向轨迹终点位置计算后向轨迹得到。起始位置和结束位置的差别反映出轨迹的误差大小。

6.3.2　WRF-HYSPLIT 的空气污染预报模型的实现

采用吉林省的非静力中尺度数值模式 WRF V3.3.1 业务运行模式结果，WRF 的双重嵌套网格方案，水平范围以（43.5°N，126.5°E）为中心，粗网格格距为 27 km，网格数为 96×91，细网格格距为 9 km，网格数为 106×91，垂直方向为 39 层，模式的微物理过程采用了 WSM5 方案，积云对流参数化采用 New-Grell 方案，边界层处理采用 YUS 方案，辐射采用 Dudhia 短波辐射和 RRTM 长波辐射方案，初始场和边界条件为 0.5°×0.5°分辨率的 NCEP/NCAR 间隔 3 h 的再分析资料。WRF V3.3.1 通过吉林省较长时间的业务运行和预报员的检验，一直认为该模式对风场的预报尤为准确。而 HYSPLIT 模型的模拟准确率对风场的依赖较高。因此，尝试应用本地中尺度数值预报模式 WRF 气象场作为 HYSPLIT 的气象输入场，对本地的污染天气过程模拟效果更佳。

主要采用 HYSPLIT 的 linux 版本，对 WRF 的输出结果进行格式转换，针对 WRF V3.3.1 每天 08、20 时两个起报时次预报，对其 nc 结果通过脚本转换为 ARL 格式。HYSPLIT 模型只能输入 ARL 格式的气象数据。在数据转换前要成功安装和编译 HYSPLIT，其中仍需安装 netcdf 等工具。数据处理通过并行计算机完成，轨迹结果以文本和图片两种方式存储。

WRF_HYSPLIT 耦合模型能够自定义起始追踪点、起始高度、前向预报时效（WRF 时效范围内）等。系统的主要功能包括不同地点、不同高度、不同时效的前向轨迹追踪预报，目前实施运行长春市区的 100 m、500 m、1500 m 这 3 个高度层每天两次的前向轨迹预报。另外，在突发事件中可以根据实际情况调整轨迹模拟方案，实现快速、有效、准确的轨迹预报产品。产品以图片形式保存，方便生成气象服务信息产品。每天运行方式是自动脚本提交，并完成图形绘制等。其中包括前向轨迹的绘制（图 6.19）和前向扩散的绘制（图 6.20），脚本中可以更改起始的经纬度和高度以及污染物扩散的起始点和初始浓度值等。脚本中应及时删除复制过来的较大的 nc 文件，以防止硬盘存储空间不足。

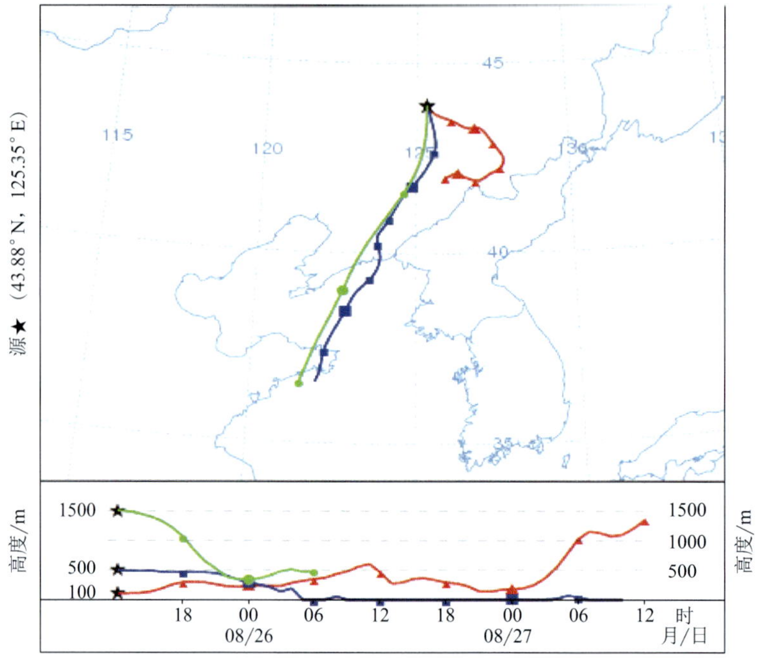

图 6.19　前向轨迹图

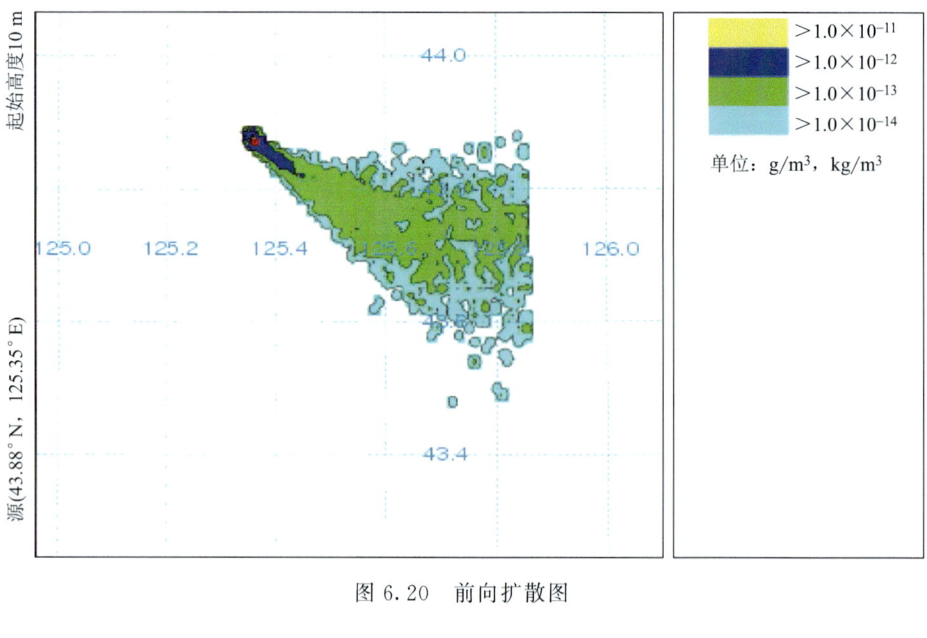

图 6.20　前向扩散图

HYSPLIT 的安装需要较多的编译器,如 fortran 编译器 gfortran 等。其解压后包括脚本、源代码和文档等。HYSPLIT 编译后(compile. sh)自动生成文件目录。需要 IO-API/cmaq-cmaq 接口,data2arl-解码器需要 NetCDF、gisprog-shapefile 转换。完成后需要 NetCDF 的 lib 库连接,才能实现 wrf 数据的解码。另外,图形的绘制和合适转换还需要 ImageMagick 软件,要完成其安装和编译。如果以上步骤均完成操作,可以尝试脚本的测试。再次,编写模式运行的脚本。

第7章 环境气象统计预报方法研究

目前对于空气质量预报主要有两类方法，第一类方法是基于天气和化学耦合的模式预报。污染物在大气中的演变规律受各种物理、化学、生物过程的制约，其浓度变化用数学模型描述为风场输送、湍流扩散、各种化学反应转化、干湿沉降迁移、污染源排放等过程综合作用结果，空气污染数值预报就是用数值模型描述污染物扩散的各种物理、化学、生物过程，求解污染物浓度的空间分布和时间演变状况。比如CUACE、WRF-Chem及CMAQ，这些模式结果均在业务上得到了不同程度应用。

第二类方法是基于气象条件与空气质量关系的统计预报方法。某一地域的空气质量由污染源的排放、分布状况以及大气对污染物的扩散稀释能力决定。污染源是造成空气污染的根本原因。在污染物已经具备的条件下，大气对污染物的扩散能力是能否形成空气污染天气的直接原因。因此，通过分析空气质量等级或污染物浓度与气象条件的关系，可以建立环境气象统计预报方法。何建军等（2016）利用人工神经网络技术，基于气象条件、污染物排放变化和污染物浓度资料，构建了污染物浓度统计预报模型，预报模型模拟NO_2和SO_2浓度准确率较高，模拟PM_{10}浓度准确率较低。李会霞等（2016）采用逐步回归模型建立了西安市$PM_{2.5}$的预测模型，具有较好的预测效果。

由于大气污染扩散比较复杂，污染排放清单不够精细，数值预报模式刚刚应用，模式产品的预报准确率还比较低，不能解决空气污染预报问题。因此，统计预报方法仍是业务中应用的主要方法。

7.1 吉林省空气质量等级预报方法

大气的扩散能力主要由大气的垂直结构及近地面水平气象条件决定。因此，在分析气象条件与空气质量等级关系时，主要采用了能表征大气垂直扩散能力及水平扩散能力的逆温、混合层高度、通风系数、风速、湿度、温度、气压、云量等气象因子。

7.1.1 空气质量等级与气象条件的关系

应用2015—2017年白城、松原、四平、吉林、辽源、通化、白山、延吉以及2016—2017年二道等地$PM_{2.5}$、PM_{10}、SO_2、NO_2、CO、O_3等主要污染物实时监测数据，利用《环境空气质量标准》(GB 3095—2012)以及《环境空气质量指数(AQI)技术规定(试行)》(HJ 633—2012)计算各城市每日空气质量等级。分析各地空气质量等级与气象条件的关系，根据冬季空气质量等级与风速、湿度以及边界层气象条件的关系，采用多因子叠套法构建大气扩散综合指数A指数，再根据A指数与空气质量等级的关系，采用指数分级法建立空气质量等级预报模型。

7.1.1.1　冬半年空气质量等级与气象条件的关系

利用2015—2017年冬半年(1—4月和11—12月)空气质量等级及相应的气象资料，计算分析边界层气象条件与空气质量等级的关系。结果表明，冬半年空气质量等级与风速(X_1)呈负相关，风速越大，空气质量等级越低；各地空气质量等级与相对湿度(X_2)呈正相关，湿度越大，各地空气质量等级越高，即越有利于形成污染天气；多数城市空气质量等级与08时地面24 h变压(X_3)成反比，即地面气压比前一日降低时，空气质量等级升高；多数城市空气质量等级与08时850 hPa变温(X_4)成正比，即850 hPa温度比前一日升高时，空气质量等级加大，易于形成污染天气；多数城市空气质量等级与08时地面和850 hPa温度差(X_5)成反比，即逆温越强，空气质量等级越高；与云量(X_6)成正比，云量越多，空气质量等级越高；与混合层高度(X_7)成反比，混合层高，有利于污染物扩散，混合层越低，越不利于污染物扩散，污染等级越高；与通风系数(X_9)成反比，通风系数大，有利于污染物扩散，通风系数小，不利于污染物扩散，污染等级高；与混合层高度指数(X_8)和通风系数指数(X_{10})成正比(表7.1)。

表7.1　冬半年各地空气质量等级与气象条件的相关分析

	X_1	X_2	X_3	X_4	X_5	X_6	X_7	X_8	X_9	X_{10}
白城	−0.268*	0.307*	−0.139*	−0.092*	−0.439*	0.050	−0.282*	0.308*	−0.246*	0.356*
松原	−0.050	0.226*	−0.182*	0.136*	−0.449*	0.239*	−0.229*	0.242*	−0.126*	0.329*
长春	−0.164*	0.178*	−0.089*	0.122*	−0.349*	0.192*	−0.225*	0.244*	−0.225*	0.323*
四平	−0.019	0.139*	−0.094*	0.089*	−0.263*	0.283*	−0.179*	0.198*	−0.121*	0.260*
吉林	−0.020	0.180*	0.061	−0.027	−0.364*	0.034	−0.307*	0.335*	−0.325*	0.411*
辽源	−0.048	0.251*	−0.037	0.137*	−0.493*	0.142*	−0.302*	0.315*	−0.335*	0.405*
通化	−0.263*	0.230*	−0.058	0.194*	−0.447*	0.051	−0.250*	0.278*	−0.212*	0.339*
白山	−0.357*	0.252*	−0.139*	0.229*	−0.401*	0.078	−0.295*	0.324*	−0.237*	0.331*
延吉	−0.263*	0.230*	−0.058	0.194*	−0.447*	0.051	−0.250*	0.278*	−0.212*	0.339*

注：* 表示通过信度0.05的显著性检验。

混合层高度指数计算方法：混合层高度<200 m时，指数为6；200～300 m时，指数为5；300～500 m时，指数为4；500～700 m时，指数为3；700～1000 m时，指数为2；大于或等于1000 m时，指数为1。

通风系数指数计算方法：通风系数<800 m^2/s时，指数为6；800～1500 m^2/s时，指数为

5；1500～2500 m^2/s 时，指数为 4；2500～5000 m^2/s 时，指数为 3；5000～12000 m^2/s 时，指数为 2；大于或等于 12000 m^2/s 时，指数为 1。

7.1.1.2 5—9 月空气质量等级与气象条件的关系

5—9 月吉林省首要污染物主要是 O_3。臭氧是地球大气中一种微量气体，它是由于大气中氧分子受太阳辐射分解成氧原子后，氧原子又与周围的氧分子结合而形成的，含有 3 个氧原子。与 $PM_{2.5}$ 污染相比，我国城市臭氧污染的成因更为复杂，内因与污染前体物人为超标排放有关，臭氧污染的前体物中，NO_x 主要来自火电、钢铁、水泥等行业，以及机动车、船舶等排放；VOCs 除了人为排放外，也有植物释放等自然源。外因则受高温、少雨、强辐射等气象条件影响。一些专家学者研究表明，高温、强辐射、低湿有利于 O_3 的生成（卢盛栋 等，2021；郑丽英 等，2019）。

利用吉林省主要城市 2015—2017 年 5—9 月空气质量等级及相应的气象资料，计算分析部分气象要素与空气质量等级的关系。结果表明，5—9 月，各地空气质量等级与 14 时温度（V_1）、08 时 850 hPa 变温（V_6）成正比，即温度越高、温度平流为升温，则空气质量等级越高；空气质量等级与日平均相对湿度、降水、14 时低云量呈反相关，表明湿度大、云量多和降水量大对 O_3 的形成和发展不利。多数城市 08 时地面温度与 850 hPa 温度差与空气质量等级成反比，说明大气层结稳定时，空气质量等级高（表 7.2）。上述分析也说明了臭氧“喜光怕雨爱高温”的特点，降水少、气温高、辐射强的环境，会加速挥发性有机物的光化学反应；大气层结构稳定则有利于臭氧污染的局地累积。因此，臭氧污染有着典型季节特征，从春末起，尤其晴热的夏秋时节，是臭氧污染的高发期。

表 7.2 5—9 月各地空气质量等级与气象条件的相关分析

	V_1	V_2	V_3	V_4	V_5	V_6
白城	0.338*	−0.138*	−0.129*	−0.106*	−0.184*	0.137*
松原	0.409*	−0.288*	−0.12*	−0.182*	−0.245*	0.175*
长春	0.232*	−0.438*	−0.175*	−0.209*	0.008	0.254*
四平	0.345*	−0.405*	−0.251*	−0.219*	−0.006	0.238*
吉林	0.339*	−0.464*	−0.154*	−0.254*	−0.032	0.168*
辽源	0.303*	−0.440*	−0.176*	−0.246*	−0.032	0.145*
通化	0.207*	−0.443*	−0.223*	−0.269*	−0.165*	0.225*
白山	0.234*	−0.526*	−0.238*	−0.294*	−0.126*	0.216*
延吉	0.329*	−0.465*	−0.095	−0.224*	0.129*	0.115*

注：表中 V_1 为 14 时温度；V_2 为相对湿度；V_3 为降水量；V_4 为 14 时低云量；V_5 为 08 时温度与 850 hPa 温度差（代表大气层结稳定度情况）；V_6 为 08 时 850 hPa 变温。* 表示通过信度 0.05 的显著性检验。

7.1.1.3 二道空气质量等级与气象条件的关系

从表 7.3 可以看出，无论是冬半年还是夏半年，二道空气质量等级与 14 时温度成正比，与相对湿度、降水量以及 14 时低云量成反比，与逆温强度、850 hPa 变温以及风速

(V_7)成正比。

表 7.3 二道空气质量等级与气象条件的相关分析

	V_1	V_2	V_3	V_4	V_5	V_6	V_7
冬半年	0.638*	−0.306*	−0.018	−0.027*	0.268*	0.160*	0.138*
夏半年	0.295*	−0.371*	−0.115*	−0.122*	0.153*	0.219*	0.366*

注:V_1,…,V_6 解释同表 7.2。

7.1.2 空气质量等级预报模型

由于二道地处长白山,工业污染源少,主要污染物与其他市(州)不同,因此,二道单独建立预报模型,其他市(州)分为冬半年(1—4 月和 11—12 月)和夏半年(5—9 月)建立预报模型。

7.1.2.1 冬半年空气质量等级预报模型

根据冬季空气质量等级与风速、湿度以及边界层气象条件的关系,采用多因子叠套法构建大气扩散综合指数 A,再根据 A 指数与空气质量等级的关系,采用指数分级法建立空气质量等级预报模型。A 指数计算方法如下:

$$A = \sum_{k=0}^{n} y_i$$

式中:y_i 为 y_1、y_2、y_3、y_4、y_5、y_6、y_7、y_8 共 8 个预报因子分指数,前 7 个因子分指数划分方法见表 7.4。其中,y_1 为日平均风速指数,y_2 为日平均相对湿度指数,y_3 为 08 时 850 hPa 变温指数,y_4 为 08 时地面与 850 hPa 温度差指数,y_5 为总云量指数,y_6 为混合层高度指数,y_7 为通风系数指数,y_8 为前一日空气质量等级的 2 倍。A 指数与空气质量等级的关系见表 7.5。

表 7.4 冬半年各预报因子的分指数划分方法

	1	2	3	4	5	6
y_1/(m/s)	(4.5,6]	(1.7,4.5]	/	(1,1.7]	≤1	>6
y_2/%	/	<70	/	[70,80]	>80	/
y_3/℃	/	<1	[1,5]	>5	/	/
y_4/℃	/	>−2	(−4,−2]	(−7,−4]	≤−7	/
y_5/成	/	≤5	/	(5,8)	≥8	/
y_6/m	≥1000	[700,1000)	[500,700)	[300,500)	[200,300)	<200
y_7/(m^2/s)	≥12000	[5000,12000)	[2500,5000)	[1500,2500)	[800,1500)	<800

表 7.5 大气扩散综合指数 A 与空气质量等级的关系

	1 级	2 级	3 级	4 级	5 级	6 级
指数 A	≤17	18~27	28~34	35~37	38~39	≥40

利用气象资料和空气质量资料，采用上述方法对2015—2017年冬半年的空气质量等级预报进行回代检验，结果表明，各城市空气质量等级预报与实况一致的达到50.0%～55.7%，其中四平预报效果最好，达到55.7%，预报与实况误差小于或等于1级的在90.0%～96.2%，其中延吉和白城都超过了95.0%（表7.6）。说明采用指数分级法构建的空气质量等级预报模型预报效果较好。

表7.6 2015—2017年冬半年预报误差检验 %

	完全正确比例	误差1级比例	误差≤1级比例
白城	53.5	41.9	95.4
松原	52.8	40.4	93.2
长春	54.4	36.6	91.0
四平	55.7	37.5	93.2
吉林	53.1	36.9	90.0
辽源	52.9	39.9	92.8
通化	50.0	43.4	93.4
白山	50.6	40.4	91.0
延吉	51.3	44.9	96.2

7.1.2.2 夏半年空气质量等级预报模型

根据夏半年空气质量等级与气象条件的关系，采用多因子叠套法构建夏季环境气象综合指数K指数，再根据K指数与空气质量等级的关系，采用指数分级法建立空气质量等级预报模型。白城、松原、长春、四平、辽源、通化、白山K指数计算方法如下：

$$K=2\times(y_1+y_2+y_5+y_6)+y_3+y_4$$

吉林、延吉K指数计算方法如下：

$$K=2\times(y_1+y_2+y_6)+y_3+y_4+y_5$$

式中：y_1、y_2、y_3、y_4、y_5、y_6共6个预报因子分指数，前5个因子分指数划分方法见表7.7。其中，y_1为14时温度指数，y_2为日平均相对湿度指数，y_3为低云量指数，y_4为08时850 hPa变温指数，y_5为日平均风速指数，y_6为前一日空气质量等级。K指数与空气质量等级的关系见表7.8。

表7.7 夏半年各预报因子的分指数划分方法

	1	2	3	4	5	6
y_1/℃	≤24	(24,31]	>31	/	/	
y_2/%	>80	(45,80]	≤45	/	/	/
y_3/成	≥6	<6	/	/	/	/
y_4/℃	<−1	[−1,8)	≥8	/	/	/
y_5/(m/s)	/	≤3	(3,5.5)	[5.5,8)	/	≥8

表 7.8　环境气象综合指数 K 与空气质量等级的关系

	1 级	2 级	3 级	4 级	5 级	6 级
指数 K（适用于白城、松原、长春、四平、辽源、通化、白山）	≤15	16～23	24～27	28～29	30～31	≥32
指数 K（适用于吉林、延吉）	≤15	16～22	23～24	25～27	28～29	≥30

利用气象资料和空气质量资料，采用上述方法对 2015—2017 年 5—9 月的空气质量等级预报进行回代检验，结果表明，各城市空气质量等级预报与实况一致的达到 61.7%～71.0%（表 7.9），其中延吉预报效果最好，达到 71.0%，预报与实况误差小于或等于 1 级的在 97.2%～99.6%，其中辽源、通化、白山、延吉都达到甚至超过 99%。说明采用指数分级法构建的空气质量等级预报模型预报效果较好。

10 月为过渡季节，10 月上旬采用 K 指数方案，中下旬采用 A 指数方案。

表 7.9　2015—2017 年夏半年预报误差检验　　%

	完全正确比例	误差 1 级比例	误差≤1 级比例
白城	67.8	30.5	98.3
松原	63.4	35.3	98.7
长春	64.3	34.6	98.9
四平	63.4	33.8	97.2
吉林	61.7	37	98.7
辽源	64.1	34.9	99.0
通化	67.1	32.5	99.6
白山	69.9	29.6	99.5
延吉	71.0	28.3	99.3

7.1.2.3　二道空气质量等级预报模型

根据前述分析，选取与二道空气质量密切相关的气象因子以及前一日空气质量等级作为因子，采用多因子叠套法分别构建环境气象综合指数 KX（夏半年）和 KY（冬半年），再根据 KX 和 KY 指数与空气质量等级的关系，采用指数分级法建立二道冬半年和夏半年空气质量等级预报模型。

$$\text{夏半年：KX}=2\times(y_1+y_2+y_6)+y_3+y_4+y_5$$

式中：y_1 为 14 时温度指数；y_2 为日平均相对湿度指数；y_3 为低云量指数；y_4 为 08 时 850 hPa 变温指数；y_5 为日平均风速指数；y_6 为前一日空气质量等级。前 5 个因子分指数划分方法见表 7.10。KX 指数与空气质量等级的关系见表 7.11。

表 7.10 二道夏半年各预报因子的分指数划分方法

指数划分	1	2	3
y_1/℃	≤20.5	>20.5	/
y_2/%	≥76	(45,76)	≤45
y_3/成	≥3	<3	/
y_4/℃	<2.3	≥2.3	/
y_5/(m/s)	≤2.8	>2.8	/

表 7.11 二道环境气象综合指数 KX 与空气质量等级的关系

	1 级	2 级	3 级
KX 指数	≤14	15～18	≥19

$$冬半年:KY=2\times(X_1+X_2+X_4)+X_3$$

式中:X_1 为 14 时温度指数;X_2 为日平均相对湿度指数;X_3 为日平均风速指数;X_4 为前一日空气质量等级。前 3 个因子分指数划分方法见表 7.12。KY 指数与空气质量等级的关系见表 7.13。

表 7.12 二道冬半年各预报因子的分指数划分方法

	1	2
X_1/℃	≤1	>1
X_2/%	≥52	<52
X_3/(m/s)	<4.8	≥4.8

表 7.13 二道环境气象综合指数 KY 与空气质量等级的关系

	1 级	2 级	3 级
KY 指数	≤11	12～14	≥15

利用气象资料和空气质量资料,采用上述方法对 2016—2017 年二道的空气质量等级预报进行回代检验,结果表明,夏半年空气质量等级预报与实况一致的达到 76.9%,预报与实况误差小于或等于 1 级的达到 99.7%;冬半年空气质量等级预报与实况一致的达到 82.8%,预报与实况误差小于或等于 1 级的达到 99.7%。

7.2 $PM_{2.5}$ 浓度预报方法

7.2.1 $PM_{2.5}$ 浓度与气象条件的关系

采用相关分析法研究 2015—2017 年吉林省主要城市 $PM_{2.5}$ 日平均浓度与边界层气

象条件的关系，重点分析与日平均风速、日平均相对湿度、08 时变压、850 hPa 变温、地面与 850 hPa 温度差、白天总云量、混合层高度指数、通风系数指数、前一日平均浓度、前一日 14 时污染物浓度等的关系。

结果表明，$PM_{2.5}$ 浓度一般与风速、08 时变压、逆温强度成反比，特别是与逆温强度相关系数达到－0.546～－0.325，说明 08 时变压比前一日减小、逆温强、风速小，污染物不易扩散，$PM_{2.5}$ 浓度高，但从风速指数与 $PM_{2.5}$ 浓度成正比来看，风力很大时，$PM_{2.5}$ 呈增大趋势。$PM_{2.5}$ 浓度一般与相对湿度、08 时 850 hPa 变温、总云量、混合层高度、通风系数、前一日平均浓度、前一日 14 时污染物浓度、风速、相对湿度成正比，说明湿度越大、气温升高、总云量多，$PM_{2.5}$ 也增多，而混合层高度越小、通风系数越小，越不利于 $PM_{2.5}$ 扩散，导致 $PM_{2.5}$ 浓度增加。

在上述分析的基础上，选取相关系数通过显著性检验的因子，并综合考虑各因子的物理意义以及 $PM_{2.5}$ 的气候特点，分冬半年、5 月、6—9 月，采用多元回归方法建立白城、松原、长春、四平、辽源、吉林、通化、白山、延吉、二道 $PM_{2.5}$ 浓度预报方程。

7.2.2 $PM_{2.5}$ 浓度预报方程

7.2.2.1 冬半年 $PM_{2.5}$ 日平均浓度预报方程

白城：$Y=21.1-2.3V_1-0.454V_3-1.444V_5+4.3V_8+0.53V_9$

松原：$Y=13.6-1.5V_1-0.39V_3-2.94V_5+1.54V_6+7.32V_8+0.443V_9$

长春：$Y=27.9-3.34V_1-2.48V_5+0.39V_6+6.77V_8+0.554V_9$

四平：$Y=5.4+1.0V_4-1.3V_5+0.8V_6+7.73V_8+0.57V_9$

吉林：$Y=7.7+0.05V_2-2.3V_5+14.8V_8+0.336V_9$

辽源：$Y=25.7+0.686V_4-2.54V_5+4.4V_7+0.492V_9$

通化：$Y=19.5-2.2V_1+0.08V_2-2.6V_5+3.8V_7+0.41V_9$

白山：$Y=34.1-7.0V_1+0.01V_2-0.07V_3+0.977V_4-1.55V_5+0.755V_6+2.23V_8+0.424V_9$

延吉：$Y=29.8-3.1V_1+0.47V_4-1.05V_5+0.05V_6+1.1V_7+2.53V_8+0.42V_9$

7.2.2.2 6—9 月 $PM_{2.5}$ 日平均浓度预报方程

白城：$Y=9.6-0.501V_5+0.37V_6+0.764V_9$

松原：$Y=4.7+1.66V_1-0.117V_3+1.036V_4-0.108V_5+0.478V_6+0.411V_9+0.056V_{12}$

长春：$Y=5.8+1.7V_4+0.534V_6+0.663V_9$

四平：$Y=10.1+0.556V_1+1.91V_4+0.502V_6+0.529V_9$

吉林：$Y=11.6-0.373V_5+0.575V_9$

辽源：$Y=12.3-0.06V_2+1.51V_4+0.71V_9$

通化：$Y=16.1-0.039V_2+1.01V_4-0.638V_5+0.58513$

白山：$Y=19.6-0.099V_2+1.55V_4-0.461V_5+0.641V_9$

延吉：$Y=8.5-1.21V_1+0.662V_4+0.631V_9$

二道：$Y=9.5-0.066V_2+0.679V_4+0.606V_9$

7.2.2.3 5月$PM_{2.5}$日平均浓度预报方程

白城：$Y-34.5-1.77V_5+0.252V_9+0.228V_{12}$

松原：$Y=22.8+2.2V_1-1.85V_5+0.332V_9$

长春：$Y=27.4-0.423V_2+0.764V_4+2.81v6+0.297V_9+0.081V_{12}$

四平：$Y=25.2+0.417V_1-0.877V_5+0.959V_6+0.098V_9+0.157V_{12}$

吉林：$Y=12.1+1.0V_1+0.44V_6+0.11V_9+0.247V_{12}$

辽源：$Y=32.0-0.16V_2-1.0V_5+0.404V_9+0.026V_{11}+0.019V_{12}$

通化：$Y=26.7-0.132V_2+0.596V_4-0.379V_5+0.329V_9$

白山：$Y=39.8-0.238V_2+0.56V_4-0.67V_5+0.33V_9+0.061V_{12}$

延吉：$Y=19.0-0.145V_2+0.006V_6+0.231V_9+0.163V_{11}$

上述公式中，V_1为日平均风速，V_2为日平均相对湿度，V_3为08时变压，V_4为850 hPa变温，V_5为地面与850 hPa温度差（代表逆温强度），V_6为白天总云量，V_7为混合层高度，V_8为通风系数，V_9为前一日平均浓度，V_{10}为前一日14时污染物浓度，V_{11}为风速，V_{12}为相对湿度。

从表7.14可以看出，白城、长春、四平、辽源、通化、白山、延吉冬半年$PM_{2.5}$浓度预报方程复相关系数均超过0.7，松原复相关系数为0.698，吉林复相关系数最低，为0.593；各地F检验值在73.0～148.8，均通过信度0.05的显著性检验。各城市6—9月$PM_{2.5}$浓度预报方程复相关系数在0.560～0.787；F检验值在23.3～196.4，均通过信度0.05的显著性检验。各城市5月$PM_{2.5}$浓度预报方程复相关系数在0.418～0.734；F检验值在3.7～25.7，均通过信度0.05的显著性检验。

表7.14 $PM_{2.5}$浓度预报方程复相关系数R及F检验

	白城	松原	长春	四平	吉林	辽源	通化	白山	延吉
R(冬半年)	0.730	0.698	0.705	0.708	0.593	0.724	0.731	0.738	0.722
F(冬半年)	123.0	85.1	106.6	108.0	73.0	148.8	127.6	79.8	83.6
R(6—9月)	0.787	0.560	0.713	0.611	0.587	0.719	0.642	0.694	0.708
F(6—9月)	196.4	23.3	124.5	53.7	95.3	128.9	63.0	84.1	121.6
R(5月)	0.591	0.621	0.491	0.418	0.504	0.553	0.533	0.604	0.734
F(5月)	15.9	18.6	5.5	3.7	7.5	7.6	8.7	10.0	25.7

由于10月为冬季和夏季过渡期，10月1—10日$PM_{2.5}$日平均浓度预报采用6—9月日平均浓度预报方程，10月11—31日$PM_{2.5}$日平均浓度预报采用冬半年预报方程，下同。

7.3 PM_{10} 浓度预报方法

7.3.1 PM_{10} 浓度与气象条件的关系

研究2015—2017年吉林省主要城市PM_{10}日平均浓度与日平均风速、日平均相对湿度、08时变压、850 hPa变温、地面与850 hPa温度差、白天总云量、混合层高度指数、通风系数指数、前一日平均浓度、前一日14时污染物浓度等边界层气象条件的关系。结果表明,冬半年PM_{10}浓度一般与风速、08时变压、逆温强度成反比,与相对湿度、总云量、混合层高度指数、通风系数指数、前一日平均浓度、前一日14时污染物浓度、风速指数、相对湿度指数成正比。08时变压相对前一日减小、逆温强、风速小时污染物不易扩散,PM_{10}浓度高,但白城、四平、辽源、吉林等地的风速与PM_{10}浓度的相关系数未通过信度0.05的显著性检验,而松原、长春表现为正相关,主要原因是风力很大时,容易出现沙尘天气,这样也会导致PM_{10}浓度增加,这可以从风速指数与PM_{10}浓度成正比得到验证。而湿度越大、总云量越多,PM_{10}也增多;混合层高度小、通风系数小,不利于PM_{10}扩散,PM_{10}浓度大。

在上述分析的基础上,选取相关系数通过显著性检验的因子,并综合考虑各因子的物理意义以及PM_{10}的气候特点,分冬半年、5月、6—9月,采用多元回归方法建立白城、松原、长春、四平、辽源、吉林、通化、白山、延吉、二道PM_{10}浓度预报方程。

7.3.2 PM_{10} 日平均浓度预报方程

7.3.2.1 冬半年PM_{10}日平均浓度预报方程

白城:$Y=24.2-1.34V_3-1.52V_5+0.99V_8+0.51V_9+2.55V_{11}+4.55V_{12}$

松原:$Y=-1.3-1.3V_3+1.58V_4-2.2V_5+4.1V_6+0.4V_9+19.3V_{11}$

长春:$Y=26.5-1.3V_3+0.693V_4-2.2V_5+2.5V_6+0.36V_9+17.7V_{11}$

四平:$Y=27.4-0.5V_3+1.22V_4-1.2V_5+3.7V_6+0.375V_9+9.6V_{11}$

吉林:$Y=24-2.36V_5+12.5V_8+0.28V_9+6V_{11}+2.4V_{12}$

辽源:$Y=26.9-2.65V_5+1.47V_6+1.48V_8+0.40V_9+6.2V_{11}+1.1V_{12}$

通化:$Y=24.4+0.43V_4-3.4V_5+3.4V_8+0.42V_9+3.4V_{11}+2.5V_{12}$

白山:$Y=34.3-0.19V_3+1.15V_4-1.83V_5+2.1V_8+0.422V_9+3V_{11}+0.61V_{12}$

延吉:$Y=37.3-2.5V_1-0.1V_3-1.3V_5+4.5V_7+0.43V_8$

7.3.2.2 6—9月PM_{10}浓度预报方程

白城:$Y=16.9-0.1154V_3+2.02V_4-0.372V_5+0.127V_6+0.7291V_9$

松原：$Y=33.3-0.177V_2-0.367V_3+0.257V_4-0.497V_5+0.577V_9$

长春：$Y=41.9-0.26V_2+3.0V_4+0.563V_9$

四平：$Y=48.5-0.251V_2+3.3V_4+0.468V_9$

吉林：$Y=31.9-0.206V_2+1.059V_4+0.594V_9$

辽源：$Y=51.3-0.425V_2+1.8V_4+0.43V_9+0.055V_{11}$

通化：$Y=32-0.029V_2+1.877V_4-1.3V_5-0.7V_6+0.586V_9$

白山：$Y=52.1-0.305V_2+2.6V_4-0.958V_5-0.334V_6+0.581V_9$

延吉：$Y=40.6-2.0V_1-0.289V_2+1.24V_4-0.085V_5+0.54V_9$

二道：$Y=22.7-0.158V_2+1.0V_4+0.491V_9$

7.3.2.3 5月 PM_{10} 日平均浓度预报方程

白城：$Y=37.9+17.77V_1-0.878V_2-1.8V_3-3.787V_5+2.18V_6+0.594V_{10}$

松原：$Y=59.8+21.3V_1-1.19V_2-2.0V_3-5.7V_5+5.0V_6+0.435V_9$

长春：$Y=1.55+24.33V_1-0.909V_2-2.3V_3+0.191V_9+0.43V_{11}$

四平：$Y=102.6+9.6V_1-1.31V_2-2.47V_3+0.18V_9$

吉林：$Y=17.2+16.1V_1-0.772V_2-1.85V_3+0.358V_9$

辽源：$Y=34.1+13.88V_1-0.595V_2-1.846V_3+0.57V_9$

通化：$Y=92.0+3.3V_1-0.78V_2-0.047V_6+0.147V_9$

白山：$Y=112.2+14.1V_1-1.254V_2+0.119V_9$

延吉：$Y=71.3+4.95V_1-0.943V_2+0.139V_6+0.218V_9$

从表7.15可以看出，吉林省主要城市冬半年 PM_{10} 浓度预报方程复相关系数在0.467～0.683，相关最好的是通化，最差的是吉林；各地 F 检验值在30.0～78.4，均通过信度0.05的显著性检验。各城市6—9月 PM_{10} 浓度预报方程复相关系数在0.566～0.734，白城、长春、白山、延吉复相关系数达到甚至超过0.7；F 检验值在42.4～123.6，均通过信度0.05的显著性检验。各城市5月 PM_{210} 浓度预报方程复相关系数在0.473～0.927，其中延吉相关性最好，通化最差；F 检验值在6.3～134.6，均通过信度0.05的显著性检验。

表7.15 PM_{10} 浓度预报方程复相关系数 R 及 F 检验

	白城	松原	长春	四平	吉林	辽源	通化	白山	延吉
R(冬半年)	0.626	0.640	0.504	0.540	0.467	0.636	0.683	0.600	0.638
F(冬半年)	59.3	62.0	30.4	37.0	30.0	51.9	78.4	43.6	74.0
R(6—9月)	0.734	0.695	0.711	0.655	0.631	0.566	0.691	0.700	0.717
F(6—9月)	84.0	67.4	123.6	90.6	79.6	42.4	65.6	69.3	76.3
R(5月)	0.581	0.752	0.555	0.504	0.571	0.538	0.473	0.604	0.927
F(5月)	7.4	18.7	7.7	7.5	11.6	12.1	6.3	17.1	134.6

7.4 O_3 浓度预报方法

7.4.1 O_3 浓度与气象条件的关系

分析 2015—2017 年吉林省主要城市 O_3 浓度与日平均风速、14 时温度、日平均相对湿度、日降水量、低云量、08 时地面与 850 hPa 温度差、08 时 850 hPa 变温的关系。结果表明，O_3 与 14 时温度、08 时变温成正比，即温度高时 O_3 浓度大，与相对湿度、云量成反比，即晴天、湿度小时 O_3 浓度高。

7.4.2 O_3 浓度预报方程

在上述分析的基础上，选取相关系数通过显著性检验的因子，并综合考虑各因子的物理意义以及 O_3 的气候特点，分春夏季和秋冬季，采用多元回归方法建立白城、松原、长春、四平、辽源、吉林、通化、白山、延吉、二道 O_3 浓度预报方程。

7.4.2.1 春夏季(3—8 月)O_3 日平均浓度预报方程

白城：$Y=20.9+0.385X_2-0.636X_5-0.127X_6+0.676X_7+0.651X_8$

松原：$Y=16.0+0.813X_2-0.64X_6+1.125X_7+0.656X_8$

长春：$Y=19.6+5.9X_1+0.916X_2-0.129X_3-0.774X_5-0.858X_6+1.279X_7+0.51X_8$

四平：$Y=15.7+3.97X_1+1.16X_2-1.0X_5-0.94X_6+0.482X_8$

吉林：$Y=30.9+4.76X_2-0.174X_3-0.726X_5-1.0X_6+1.5X_7+0.567X_V12$

辽源：$Y=10.7+5.2X_1+0.475X_2-0.165X_3-0.238X_5+1.65X_7+0.70X_8$

通化：$Y=15.9+14.9X_1+0.499X_2-0.242X_3-0.017X_5+0.406X_8$

白山：$Y=50.8+5.75X_1-0.369X_3-0.332X_5+0.482X_8$

延吉：$Y=37.5+1.27X_1-0.185X_3-0.343X_5+0.586X_8$

7.4.2.2 秋冬季(9—12 月及 1—2 月)O_3 日平均浓度预报方程

白城：$Y=7.8+3.7X_1+0.183X_2-0.008X_3+0.603X_8$

松原：$Y=14.8+3.5X_1+0.494X_2+0.46X_8$

长春：$Y=12.3+4.8X_1+0.37X_2-0.087X_3+0.507X_8$

四平：$Y=16.7+0.481X_2+0.2X_6+0.541X_8$

吉林：$Y=33.4+0.122X_2-0.199X_3-0.169X_5+0.628X_8$

辽源：$Y=35.0+0.158X_2-0.218X_3+0.367X_4+0.545X_6+0.514X_8$

通化：$Y=22.8+12.6X_1+0.137X_2-0.208X_3+1.07X_6+0.204X_8$

白山：$Y=39.1+6.12X_1-0.281X_3+0.783X_6-0.036X_7+0.292X_8$

延吉：$Y=12.5+3.36X_1-0.036X_3+0.347X_6-0.689X_7+0.51X_8$

二道：$Y=60.4+2.1X_1+0.605X_2-0.246X_3+0.37X_8$

上述公式中，X_1 为日平均风速，X_2 为 14 时温度，X_3 为日平均相对湿度，X_4 为日降水量，X_5 为低云量，X_6 为 08 时地面与 850 hPa 温度差，X_7 为 08 时 850 hPa 变温，X_8 为前一日 O_3 平均浓度。

从表 7.16 可以看出，吉林省主要城市秋冬季 O_3 浓度预报方程复相关系数在 0.643～0.829，相关最好的是延吉，最差的是辽源；各地 F 检验值在 75.8～254.2，均通过信度 0.05 的显著性检验。各城市春夏季 O_3 浓度预报方程复相关系数在 0.743～0.833；F 检验值在 134.5～310.2，均通过信度 0.05 的显著性检验。

表 7.16　O_3 浓度预报方程复相关系数及 F 检验

	白城	松原	长春	四平	吉林	辽源	通化	白山	延吉
R(秋冬季)	0.761	0.765	0.730	0.737	0.680	0.643	0.777	0.708	0.829
F(秋冬季)	185.0	254.2	153.1	213.7	115.4	75.8	163.2	107.8	235.8
R(春夏季)	0.743	0.833	0.824	0.812	0.802	0.815	0.819	0.766	0.748
F(春夏季)	134.5	310.2	164.2	212.0	139.9	179.4	222.4	194.4	173.7

7.5　NO_2 浓度预报方法

7.5.1　NO_2 浓度与气象条件的关系

分析 2015—2017 年吉林省主要城市 NO_2 日平均浓度与日平均风速、日平均相对湿度、08 时变压、850 hPa 变温、地面与 850 hPa 温度差（代表逆温强度）、白天总云量、混合层高度指数、通风系数指数、前一日平均浓度、前一日 14 时污染物浓度等的关系。结果表明，NO_2 浓度与风速、逆温强度成反比，其中延吉 NO_2 的浓度与风速的相关系数达到 −0.725，各地 NO_2 的浓度与逆温强度相关系数达到 −0.736～−0.444，说明风速小、逆温强的静稳天气不利于 NO_2 扩散。08 时变压、总云量与 NO_2 浓度的关系不明显。NO_2 浓度与相对湿度、08 时 850 hPa 变温、混合层高度指数、通风系数指数、前一日平均浓度、前一日 14 时污染物浓度、风速指数、相对湿度指数成正比。说明湿度越大、气温升高，NO_2 也增多；而混合层高度越小、通风系数越小，越不利于 NO_2 扩散。

7.5.2　NO_2 日平均浓度预报方程

在上述分析的基础上，选取相关系数通过显著性检验的因子，并综合考虑各因子的物理意义及 NO_2 的气候特点，分冬半年和夏半年，采用多元回归方法建立白城、松原、长春、四平、辽源、吉林、通化、白山、延吉、二道 NO_2 浓度预报方程。

7.5.2.1　冬半年(1—4月,11—12月)NO_2浓度预报方程

白城:$Y=16.2-2.58V_1-0.162V_5+0.837V_{12}+0.44V_9+0.032V_{12}$

松原:$Y=14.6-2.4V_1+0.425V_4-0.619V_5+2.15V_8+0.495V_9$

长春:$Y=32.8-4.7V_1+0.534V_4-0.45V_5+1.96V_8+0.462V_9$

四平:$Y=15.8+0.695V_4-0.813V_5+2.98V_7+0.428V_9$

吉林:$Y=8.5-0.841V_5+5.03V_8+0.389V_9$

辽源:$Y=9.9+0.539V_4-0.768V_5+3.3V_8+0.387V_9+0.01V_{12}$

通化:$Y=34.1-6.9V_1+0.61V_4-1.02V_5+0.724V_8+0.362V_9$

白山:$Y=21.6-3.9V_1+0.471V_4-0.874V_5+0.733V_8+0.403V_9$

延吉:$Y=16.5-1.47V_1+0.477V_4-0.59V_5+1.19V_7+1.18V_8+0.384V_9$

二道:$Y=0.608-0.114V_1+0.041V_2-0.060V_5+0.225V_7+0.987V_8+0.327V_9$

7.5.2.2　夏半年(5—10月)NO_2浓度预报方程

白城:$Y=14.7-1.92V_1-0.088V_2+0.149V_4+0.605V_8+0.643V_9$

松原:$Y=15.3-2.13V_1+0.265V_4-0.43V_5-0.311V_6+0.799V_8+0.552V_9$

长春:$Y=49.2-4.8V_1-0.245V_2+0.566V_4-0.727V_5-0.114V_6+1.5V_8+0.449V_9$

四平:$Y=34.2-2.32V_1-0.168V_2+0.461V_4-0.705V_5-0.369V_6+0.692V_8+0.565V_9$

吉林:$Y=31.9-2.2V_1-0.178V_2+0.156V_4-0.678V_5+0.736V_8+0.566V_9$

辽源:$Y=32.3-3.58V_1-0.17V_2+0.544V_4-0.446V_5-0.083V_6+0.593V_9$

通化:$Y=21.1-2.96V_1+0.442V_4-0.995V_5-0.168V_6+0.448V_8+0.486V_9$

白山:$Y=22.4-2.1V_1-0.099V_2+0.414V_4-0.711V_5-0.015V_6+0.527V_9$

延吉:$Y=23.5-1.25V_1-0.152V_2+0.489V_4-0.478V_5+0.461V_8+0.526V_9$

二道:$Y=4.4+0.138V_4-0.228V_5+0.557V_8+0.403V_9$

从表7.17可以看出,吉林省主要城市冬半年NO_2浓度预报方程复相关系数在0.660～0.882,除二道外,复相关系数均在0.750及以上;各地F检验值在73.4～334.9,均通过信度0.05的显著性检验。各城市5—10月NO_2浓度预报方程复相关系数在0.556～0.844,除二道外,复相关系数均在0.730以上;F检验值在40.3～224.1,均通过信度0.05的显著性检验。

表7.17　NO_2浓度预报方程复相关系数及F检验

	白城	松原	长春	四平	吉林	辽源	通化	白山	延吉	二道
R(冬半年)	0.763	0.812	0.809	0.750	0.781	0.779	0.867	0.870	0.882	0.660
F(冬半年)	146.0	208.6	204.0	172.8	73.4	165.6	324.5	334.9	314.4	256.6
R(夏半年)	0.746	0.736	0.813	0.798	0.802	0.795	0.769	0.796	0.844	0.556
F(夏半年)	153.3	107.7	152.0	136.5	163.5	155.4	131.6	157.3	224.1	40.3

7.6 SO_2 浓度预报方法

7.6.1 SO_2 浓度与气象条件的关系

分析 2015—2017 年吉林省主要城市 SO_2 日平均浓度与日平均风速、日平均相对湿度、08 时变压、850 hPa 变温、地面与 850 hPa 温度差(代表逆温强度)、白天总云量、混合层高度指数、通风系数指数、前一日平均浓度、前一日 14 时污染物浓度等的关系。结果表明,SO_2 浓度与风速、逆温强度成反比,说明风速小、逆温强的静稳天气污染物不易扩散,SO_2 浓度高;SO_2 浓度与相对湿度、08 时 850 hPa 变温、混合层高度指数、通风系数指数、前一日平均浓度、前一日 14 时污染物浓度、风速指数、相对湿度指数成正比。说明湿度越大、气温升高,SO_2 也增多;而混合层高度越小、通风系数越小,越不利于 SO_2 扩散,导致 SO_2 浓度增加;而变压、总云量与 SO_2 浓度的关系不明显。

7.6.2 SO_2 日平均浓度预报方程

在相关分析的基础上,选取相关系数通过显著性检验的因子,并综合考虑各因子的物理意义以及 SO_2 的气候特点,分冬半年和夏半年,采用多元回归方法建立白城、松原、长春、四平、辽源、吉林、通化、白山、延吉、二道 SO_2 浓度预报方程。

7.6.2.1 冬半年(1—4 月,11—12 月)SO_2 浓度预报方程

白城:$Y=7.5-1.4V_1+0.02V_2-0.21V_5+0.50V_8+0.60V_9+0.077V_{11}$

松原:$Y=26.7-3.38V_1+0.024V_2+0.543V_4-1.77V_5+1.18V_7+0.32V_9$

长春:$Y=29.9-3.6V_1+0.39V_4-1.56V_5+0.479V_8+0.682V_9$

四平:$Y=23.2+1.06V_4-1.818V_5+0.255V_7+1.503V_8+0.382V_9$

吉林:$Y=6.5+0.013V_2-0.83V_5+0.489V_7+2.844V_8+0.556V_9+0.01V_{11}$

辽源:$Y=13.4+0.372V_4-1.5V_5+2.61V_8+0.462V_9$

通化:$Y=36.8-7.4V_1+0.089V_4-3.8V_5+2.27V_8+0.39V_9$

白山:$Y=7.5-1.43V_1+0.02V_2-0.205V_5+0.5V_8+0.6V_9+0.077V_{11}$

延吉:$Y=9.4-0.479V_1-1.1V_5+1.3V_7+0.888V_8+0.547V_9$

二道:$Y=2.6+0.06\mathrm{V4}-0.013\mathrm{V5}+0.612\mathrm{V9}$

7.6.2.2 夏半年(5—10 月)SO_2 浓度预报方程

白城:$Y=7.6-0.023V_2-0.138V_5-0.166V_6+0.315V_10+0.109V_{11}$

松原:$Y=8.7-0.047V_2+0.231V_4-0.356V_5+0.431V_9$

长春:$Y=4.8-0.034V_2+0.294V_4-0.156V_5-0.069V_6+0.906V_9$

四平：$Y=12.6-0.076V_2+0.435V_4-0.397V_5-0.078V_6+0.579V_9+0.037V_{11}$

吉林：$Y=9.9-0.05V_2-0.3V_5+0.584V_9$

辽源：$Y=18.6-1.3V_1-0.105V_2+0.136V_4-0.467V_5+0.469V_9$

通化：$Y=19.8-1.89V_1-0.099V_2+0.069V_4-0.776V_5+0.417V_9$

白山：$Y=24.7-2.55V_1-0.138V_2+0.288V_4-1.06V_5+0.115V_6+0.354V_9$

延吉：$Y=3.5-0.027V_2+0.143V_4-0.122V_5+0.846V_9$

二道：$Y=3.6-0.023V_2+0.069V_4+0.321V_9$

从表7.18可以看出，吉林省主要城市冬半年 SO_2 浓度预报方程复相关系数在0.623～0.905，除二道外，复相关系数均在0.760以上，长春超过了0.900；各地 F 检验值在75.5～489.0，均通过信度0.05的显著性检验。各城市5—10月 SO_2 浓度预报方程复相关系数在0.434～0.910，长春、四平、延吉相关性较高，复相关系数均在0.760以上；F 检验值在25.2～559.2，均通过信度0.05的显著性检验。

表7.18 SO_2 浓度预报方程复相关系数 R 及 F 检验

	白城	松原	长春	四平	吉林	辽源	通化	白山	延吉	二道
R(冬半年)	0.813	0.762	0.905	0.761	0.771	0.820	0.883	0.813	0.820	0.623
F(冬半年)	167.7	123.4	489.0	148.4	131.3	276.0	380.6	167.7	220.7	75.5
R(夏半年)	0.434	0.607	0.910	0.763	0.649	0.678	0.533	0.689	0.897	0.533
F(夏半年)	25.2	75.2	526.7	126.8	132.6	92.9	43.3	82.1	559.2	47.7

7.7 CO浓度预报方法

7.7.1 CO浓度与气象条件的关系

分析2015—2017年吉林省主要城市CO日平均浓度与日平均风速、日平均相对湿度、08时变压、850 hPa变温、地面与850 hPa温度差(代表逆温强度)、白天总云量、混合层高度指数、通风系数指数、前一日平均浓度、前一日14时污染物浓度等的关系。结果表明，CO浓度与风速、逆温强度成反比，说明风速小、逆温强的静稳天气不利于CO扩散。CO浓度与相对湿度、08时850 hPa变温、混合层高度指数、通风系数指数、前一日平均浓度、前一日14时污染物浓度、风速指数、相对湿度指数成正比。说明湿度越大、气温升高，CO浓度也增多；而混合层高度越小、通风系数越小，越不利于CO扩散。变压、总云量与CO浓度的关系不明显。

7.7.2 CO日平均浓度预报方程

在上述分析的基础上，选取相关系数通过显著性检验的因子，并综合考虑各因子的物理意义以及 CO 的气候特点，分冬半年和夏半年，采用多元回归方法建立白城、松原、长春、四平、辽源、吉林、通化、白山、延吉、二道 CO 浓度预报方程。

7.7.2.1 冬半年 CO 浓度预报方程

白城：$Y=0.655-0.051V_1+0.001V_2-0.02V_5+0.028V_8+0.15V_9$

松原：$Y=0.639-0.021V_1-0.029V_5+0.055V_8+0.376V_9$

长春：$Y=0.247-0.023V_5+0.091V_8+0.614V_9$

四平：$Y=0.4+0.017V_4-0.012V_5+0.016V_7+0.072V_8+0.422V_9+0.087V_{12}$

吉林：$Y=0.32+0.001V_2-0.03V_5+0.103V_8+0.419V_9$

辽源：$Y=0.288+0.015V_4-0.017V_5+0.058V_8+0.657V_9$

通化：$Y=0.881-0.149V_1+0.021V_4-0.038V_5+0.027V_8+0.532V_9$

白山：$Y=0.55-0.109V_1+0.025V_4-0.015V_5+0.008V_8+0.688V_9+0.022V_{12}$

延吉：$Y=0.235-0.015V_1+0.017V_4-0.007V_5+0.020V_7+0.031V_8+0.665V_9$

二道：$Y=0.1-0.007V_1+0.016V_7+0.817V_9$

7.7.2.2 夏半年浓度预报方程

白城：$Y=0.344-0.016V_1+0.005V_4-0.013V_5+0.592V_9$

松原：$Y=0.288+0.009V_4-0.006V_5+0.643V_9+0.057V_{11}$

长春：$Y=0.414-0.037V_1+0.020V_4-0.013V_5+0.717V_9$

四平：$Y=0.47+0.009V_4-0.016V_5+0.555V_9$

吉林：$Y=0.333-0.017V_1+0.008V_4-0.014V_5+0.009V_8+0.692V_9$

辽源：$Y=0.386-0.023V_1+0.019V_4-0.016V_5+0.01V_8+0.715V_9$

通化：$Y=0.481-0.002V_1+0.012V_4-0.036V_5+0.038V_8+0.432V_9+0.07V_{12}$

白山：$Y=0.187+0.022V_4-0.008V_5+0.84V_9$

延吉：$Y=0.167-0.012V_1+0.014V_4-0.004V_5+0.01V_7+0.637V_9+0.191V_{12}$

二道：$Y=0.033+0.004V_6+0.001V_8+0.905V_9$

从表 7.19 可以看出，吉林省主要城市冬半年 CO 浓度预报方程复相关系数在 0.511～0.841，长春、吉林、辽源、通化、白山、延吉、二道复相关系数均在 0.750 以上；各地 F 检验值在 37.8～323.0，均通过信度 0.05 的显著性检验。各城市夏半年 CO 浓度预报方程复相关系数在 0.598～0.916，除四平和通化外，复相关系数都超过 0.710，二道最高，达 0.916；F 检验值在 56.8～627.8，均通过信度 0.05 的显著性检验。

表 7.19 CO 浓度预报方程复相关系数 *R* 及 *F* 检验

	白城	松原	长春	四平	吉林	辽源	通化	白山	延吉	二道
R(冬半年)	0.511	0.673	0.801	0.667	0.793	0.816	0.757	0.841	0.838	0.827
F(冬半年)	37.8	111.2	323.0	71.8	181.8	268.4	144.1	216.9	211.1	256.6

续表

	白城	松原	长春	四平	吉林	辽源	通化	白山	延吉	二道
R(夏半年)	0.723	0.716	0.783	0.598	0.770	0.816	0.621	0.875	0.878	0.916
F(夏半年)	148.5	143.6	217.1	101.5	158.9	218.3	56.8	595.0	305.1	627.8

7.8 基于 CUACE 空气污染预报模式的定时污染物浓度预报

7.8.1 模式释用方法

中国气象局 CUACE 空气污染预报模式可以提供吉林省 9 个城市 02、08、14、20 时 4 个时次 $PM_{2.5}$、PM_{10}、SO_2、NO_2、O_3 及 CO 等 6 类污染物浓度预报产品，因此，对该模式产品进行解释应用，可以进行污染物浓度的定时预报。采用滑动训练方法对模式预报结果进行订正和改进，获得基于模式预报产品的 6 类污染物定时浓度滑动预报模型。主要方法如下：

设
$$Y=ax+b$$
式中：Y 为定时浓度实测值；x 为模式预报值；a 为回归系数；b 为常数值。每日将前 20 d 模式污染物预报产品和相应的实测值作为训练样本进行回归分析，计算出最新的回归方程中 a 和 b 值。再将预报日模式产品预报值代入回归方程中，求得订正后的预测值。

7.8.2 预报效果检验

利用上述方法建立 2017 年 1 月 1 日—12 月 31 日 $PM_{2.5}$、PM_{10}、SO_2、NO_2、O_3 及 CO 等 6 类污染物 02、08、14、20 时逐日预报模型，并对建立的 6 类污染物预报模型进行误差检验。检验方法如下：

$$W_1 = M-B$$
$$W_2 = A-B$$

式中：W_1 为模式预报误差；W_2 为滑动回归模型污染物浓度预报误差；M 为模式污染物浓度预报值；B 为实况污染物浓度观测值；A 为滑动回归模型污染物浓度预报值。

定义误差减小幅度 R 计算方法：

$$R=\left(\frac{W_2-W_1}{W_1}\right)\times 100\%$$

从表 7.20 中可以看出，2017 年 1 月 1 日—12 月 31 日利用所建立的 02、08、14、20 时 $PM_{2.5}$ 的滑动回归浓度预报模型进行预报的结果比模式产品误差分别平均减小 14.7%、13.1%、27.9%和 11.1%；但各地、各个时次差别较大，总体来说，14 时订正预报效果最好，各地均为正订正，且误差减小幅度都超过 20%，白城和延吉都超过 30%；02 时各地均为正订正，在8.7%～21.9%；08时除吉林为弱的负订正外，其他城市均为正订正，误差减小幅度在2.1%～23.8%；20时白城为弱的负订正，其他城市均为正订正，误差减小幅度在3.2%～27.7%。

表7.20 2017年1月1日—12月31日 $PM_{2.5}$ 污染物浓度预报与模式输出产品相比误差减小幅度 %

	02时 R	08时 R	14时 R	20时 R
白城	−10.1	−2.1	−30.7	2.3
松原	−11.4	−10.5	−21.7	−7.7
长春	−18.0	−17.7	−34.0	−7.9
四平	−21.9	−20.8	−24.2	−6.5
吉林	−16.8	3.0	−26.7	−7.5
辽源	−12.2	−13.5	−29.1	−19.5
通化	−8.7	−19.8	−22.5	−22.4
白山	−18.4	−23.8	−28.1	−27.7
延吉	−14.6	−12.3	−34.3	−3.2
平均	−14.7	−13.1	−27.9	−11.1

从表7.21中可以看出，02、08、14、20时 PM_{10} 的滑动回归浓度预报模型进行预报的结果比模式产品误差分别平均减小18.3%、13.3%、14.9%和8.6%；但各地、各个时次差别还是比较大，总体来说，02时订正预报效果最好，各地均为正订正，且有5个城市误差减小幅度超过20%；08时、14时除白城外均为正订正，长春08时订正后误差减小幅度达到31.8%；20时除延吉外均为正订正。

表7.21 2017年1月1日—12月31日 PM_{10} 污染物浓度预报模型与模式输出产品相比误差减小幅度 %

	02时 R	08时 R	14时 R	20时 R
白城	−9.3	51.2	2.2	−5.3
松原	−21.1	−27.7	−6.3	−4.3
长春	−29.0	−31.8	−19.6	−10.6
四平	−27.4	−27.0	−16.2	−1.7
吉林	−23.1	−8.7	−17.2	−11.6
辽源	−16.5	−18.3	−24.6	−12.8
通化	−5.1	−15.7	−11.8	−14.9
白山	−22.1	−24.6	−27.3	−24.7
延吉	−11.1	−17.6	−13.1	8.3
平均	−18.3	−13.3	−14.9	−8.6

从表7.22中可以看出，02、08、14、20时 SO_2 的滑动回归浓度预报模型进行预报的结果比模式产品误差分别平均减小42.3%、21.5%、39.0%和18.3%；02时订正预报效果最好，9个城市误差减小幅度都超过30%，长春达到66.2%；08时和14时预报效果也比

较好，各地均为正订正；20 时除白城外均为正订正。

表 7.22 2017 年 1 月 1 日—12 月 31 日 SO_2 污染物浓度预报模型与模式输出产品相比误差减小幅度 %

	02 时 R	08 时 R	14 时 R	20 时 R
白城	−31.9	−17.3	−27.0	35.2
松原	−45.2	−7.9	−44.3	−10.1
长春	−66.2	−47.6	−56.7	−42.0
四平	−34.3	−26.4	−25.6	−13.8
吉林	−47.3	−24.3	−40.5	−28.0
辽源	−44.7	−7.9	−27.2	−25.3
通化	−34.8	−28.8	−47.2	−17.8
白山	−37.7	−21.0	−56.1	−40.0
延吉	−39.0	−12.2	−26.5	−23.1
平均	−42.3	−21.5	−39.0	−18.3

从表 7.23 中可以看出，02、08、14、20 时 NO_2 滑动回归浓度预报模型进行预报的结果比模式产品误差分别平均减小 30.3%、31.9%、56.7%和 13.4%；各时次各地都为正订正，02、08、14 时订正效果都比较好，特别是 14 时，有 8 个城市误差减小幅度超过 50%，长春达到 75.1%。

表 7.23 2017 年 1 月 1 日—12 月 31 日 NO_2 污染物浓度预报模型与模式输出产品相比误差减小幅度 %

	02 时 R	08 时 R	14 时 R	20 时 R
白城	−14.2	−16.7	−51.3	−10.8
松原	−29.1	−22.9	−66.3	−12.9
长春	−48.6	−55.9	−75.1	−25.2
四平	−26.1	−29.8	−61.8	−14.1
吉林	−46.7	−40.8	−59.7	−18.7
辽源	−25.1	−24.8	−57.9	−10.9
通化	−30.1	−33.9	−60.2	−5.5
白山	−32.3	−36.5	−50.4	−9.4
延吉	−20.6	−26.1	−27.9	−13.5
平均	−30.3	−31.9	−56.7	−13.4

从表 7.24 中可以看出，02、08、14、20 时 O_3 滑动回归浓度预报模型进行预报的结果比模式产品误差分别平均减小 27.1%、32.4%、50.6%和 17.6%；各时次各地都为正订正，02 时各地误差减小幅度在 17.0%～46.2%；08 时各地误差减小幅度在 20.4%～50.9%；14 时订正效果最好，各地都在 40%以上，白城达到 54.9%；20 时订正效果比前三

个时次弱一些，各地误差减小幅度在 9.7%～24.1%。

表 7.24 2017 年 1 月 1 日—12 月 31 日 O_3 污染物浓度预报模型与模式输出产品相比误差减小幅度 %

	02 时 R	08 时 R	14 时 R	20 时 R
白城	−20.9	−27.9	−54.9	−13.9
松原	−17.0	−21.7	−53.1	−9.7
长春	−20.8	−30.1	−54.2	−21.9
四平	−25.3	−25.7	−45.7	−19.6
吉林	−28.6	−31.5	−43.2	−24.1
辽源	−21.9	−20.4	−53.1	−11.6
通化	−31.9	−46.6	−46.3	−20.7
白山	−46.2	−50.9	−53.8	−15.4
延吉	−31.7	−37.2	−51.1	−21.4
平均	−27.1	−32.4	−50.6	−17.6

从表 7.25 中可以看出，02、08、14、20 时 CO 滑动回归浓度预报模型进行预报的结果比模式产品误差分别平均减小 36.9%、29.9%、34.3%和 20.1%；02 时预报效果最好，各地误差减小幅度都在 20%以上，长春达到 67.5%；08 时各地误差减小幅度一般在 20%～40%，长春最好，达到 65.2%；14 时除白城外，均为正订正，一般在 20%～50%，长春达到 70.0%；20 时延吉为弱的负订正，其他城市误差减小幅度在 8.3%～51.7%。

表 7.25 2017 年 1 月 1 日—12 月 31 日 CO 污染物浓度预报模型与模式输出产品相比误差减小幅度 %

	02 时 R	08 时 R	14 时 R	20 时 R
白城	−28.7	−24.2	7.5	−8.3
松原	−46.1	−30.7	−49.7	−22.1
长春	−67.5	−65.2	−70.0	−51.7
四平	−25.1	−22.7	−24.6	−16.7
吉林	−44.4	−37.1	−42.2	−29.4
辽源	−33.2	−24.8	−29.0	−13.9
通化	−27.7	−8.3	−36.1	−21.5
白山	−24.5	−22.8	−32.6	−17.7
延吉	−35.3	−33.4	−31.8	0.3
平均	−36.9	−29.9	−34.3	−20.1

从以上分析可以看出，利用前 20 d 中国气象局提供的 CUACE 空气污染预报产品采用滑动回归方法建立的预报模型，除个别情况外，均对模式产品有较好的订正效果，可用于定时污染物浓度预报。

第8章 环境气象业务体系

8.1 环境气象业务布局

吉林省环境气象业务总体布局为省、市、县三级业务。主要开展气象条件和空气质量实时监测、建立空气质量预报业务系统、开展全省空气质量预报和发布重污染天气预警。

8.1.1 省级

省级业务由吉林省气象台和吉林省环境监测总站负责，分工开展气象条件和空气质量实时监测，进行气象条件和空气质量会商，最终得出全省空气质量总体预报结论。省级环境气象预报业务需要制作并发布全省空气质量指导预报，在市级反馈基础上上传国家级业务部门，并发布全省空气质量预报，包括未来3 d逐三小时预报和未来7 d逐小时预报，要素包括$PM_{2.5}$、PM_{10}、O_3、NO_2、SO_2、CO等6种污染物浓度预报、AQI等级预报、首要污染物预报等。已经出现或预计有重污染天气时，气象部门和环保部门联合发布重污染天气预警。在冬季采暖期、秸秆焚烧高发期，省级负责制作全省环境气象服务专刊和大田秸秆焚烧气象条件预报服务专刊。

8.1.2 市县级

市级气象部门负责与当地生态环境局会商，对AQI等级和首要污染物进行预报，在省级空气质量指导预报基础上订正制作本市预报产品，并作为对外服务的依据。并根据当地具体情况和服务要求，制作空气污染气象条件预警、重污染天气预警、秸秆焚烧气象服务专报等环境气象预报预警及服务产品。

县级对市级空气质量指导预报产品进行解释应用，做好空气污染气象条件及空气质量的预报预警服务工作。

8.2 环境气象预报业务

环境气象预报业务主要包含空气质量监测、空气污染气象条件预报、空气质量预报、重污染天气预警、预报质量检验与评估等。本小节主要介绍空气污染气象条件预报、环境空气质量预报及业务流程。

8.2.1 空气污染气象条件预报

根据生态环境部《环境空气质量指数(AQI)技术规定(试行)》(HJ 633—2012),将空气污染气象条件预报等级标准划分为6级(表8.1)。

表8.1 空气污染气象条件预报等级

等级	评价	描述
一级	好	非常有利于空气污染物稀释、扩散和清除
二级	较好	较有利于空气污染物稀释、扩散和清除
三级	一般	对空气污染物稀释、扩散和清除无明显影响
四级	较差	不利于空气污染物稀释、扩散和清除
五级	差	很不利于空气污染物稀释、扩散和清除
六级	极差	极不利于空气污染物稀释、扩散和清除

吉林省气象台根据国家级空气污染气象条件指导预报,绘制本省空气污染气象条件落区图,对市级空气污染气象条件预报预警进行指导。

8.2.2 环境空气质量预报

空气质量指数(AQI)预报产品是以空气质量数值预报模式产品为基础,结合 $PM_{2.5}$、PM_{10}、O_3、NO_2、SO_2、CO 等6种污染物浓度实况监测资料,应用模式释用和统计订正技术,依据《环境空气质量指数(AQI)技术规定(试行)》(HJ 633—2012),计算空气质量分指数和指数,分等级地预报吉林省县级以上城市空气质量指数。空气质量指数与空气质量指数级别的对应关系见表8.2。

表8.2 空气质量指数与空气质量指数级别

空气质量指数	空气质量指数级别	空气质量指数类别(表示颜色)
0～50	一级	优(绿色)
51～100	二级	良(黄色)
101～150	三级	轻度污染(橙色)
151～200	四级	中度污染(红色)
201～300	五级	重度污染(紫色)
>300	六级	严重污染(褐红色)

8.2.3 业务流程

空气污染气象条件业务流程见图 8.1。

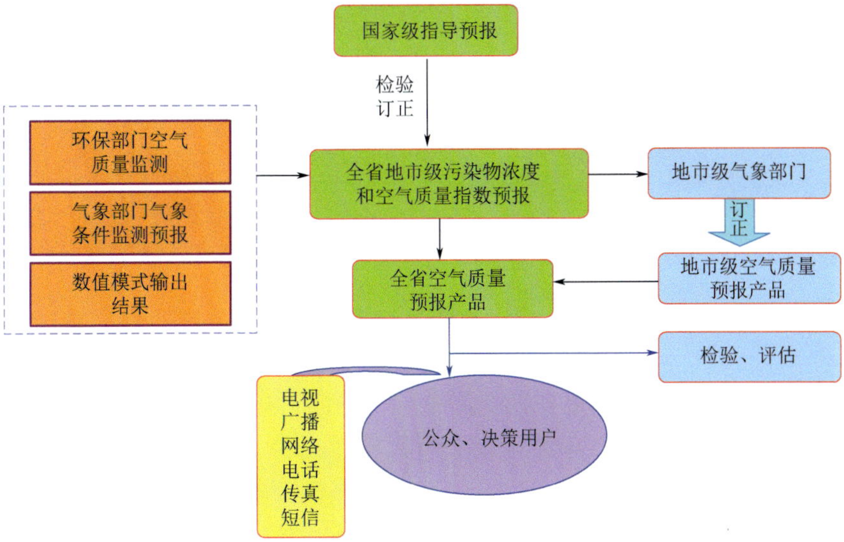

图 8.1 空气污染气象条件业务流程

(1)空气质量监测分析

利用环保部门空气质量监测共享数据进行吉林省主要城市 $PM_{2.5}$、PM_{10}、O_3、NO_2、SO_2、CO 等 6 种污染物浓度和 AQI 的实时监测和分析。

(2)气象条件分析

利用气象部门气象监测数据进行吉林省雾/霾及与空气污染有关的风、降水、湿度等天气实况监测,并进行气象条件分析,包含环流形势、冷暖空气活动、地面气压变化、低层环流及温度场变化。

(3)气象条件预报

利用各类数值模式预报产品进行气象参数预报,主要是静稳天气条件和边界层条件预报,包括低层水平风速、垂直速度、相对湿度、风、逆温强度、通风系数、稳定度等气象参数。

(4)订正国家级指导预报

每日定时下载并保存国家级指导预报产品,调阅参考吉林省主要城市 $PM_{2.5}$、PM_{10}、O_3、NO_2、SO_2、CO 等 6 种污染物浓度和 AQI 预报,根据污染物浓度、指数实况、未来气象条件变化情况,并参考吉林省环境气象模式客观预报产品,包括吉林省 CMAQ 和 WRF-Chem 等空气质量预报系统提供的 6 种污染物浓度($PM_{2.5}$、PM_{10}、O_3、NO_2、SO_2、CO)逐时客观预报结果,对国家级指导预报进行订正。

(5)制作主要城市空气质量预报

省级根据以上天气实况、环境污染浓度和指数、环流形势及稳定度指数分析，并在订正国家级指导预报及本省客观预报产品基础上制作空气质量指导预报产品和服务产品。预报时效为未来 7 d 吉林省主要城市逐小时 PM_{10}、SO_2、NO_2、O_3、CO、$PM_{2.5}$ 等 6 种污染物浓度预报及每 24 小时污染物平均浓度预报，每日首要污染物和 AQI 预报，并将以上产品推送至气象大数据云平台。

市州级根据上级指导预报产品和人工综合分析研判，制作空气污染气象条件预报。

(6)预报质量检验与评估

省、地气象台根据中国气象局规定的检验方法检验评估空气质量预报。

8.3 污染天气分析

大气污染是污染物排放和不利气象条件共同作用的结果。做好大气污染气象条件监测预报和评估工作是大气污染防治工作的基础。

在污染物排放稳定的情况下，大气污染发生发展主要取决于气象条件。近地层风决定了大气污染物的扩散和输送能力，降水对大气污染物有冲洗和稀释净化作用，气温的垂直变化决定了污染物的上下交换能力强弱。

为加强污染天气的预报预警和决策服务能力，需要加强对污染天气的分析，研判气象条件是否有利于雾/霾和污染天气的形成。

8.3.1 污染天气分析主要内容

污染天气分析主要针对影响污染天气形成的主要气象因子及重污染天气实况和环境气象相关天气现象实况，包括雾/霾和沙尘，主要包括以下内容。

(1)地面气象要素分析

分析影响污染天气形成的地面气象要素分布，包括地面辐合线、小风区、大风速轴、地面高湿区等。

(2)垂直结构分析

分析影响污染天气形成的垂直结构分布，包括上干下湿区、逆温区等。

(3)诊断物理量分析

分析影响污染天气形成的诊断物理量分布，包括混合层高度低值区、静稳指数高值区等。

(4)实况分析

分析环境气象相关天气实况的分布，包括重污染区、霾区、雾区、沙尘区。

8.3.2 污染天气分析方法

污染天气分析业务流程见图8.2。各项分析内容具体见表8.3。

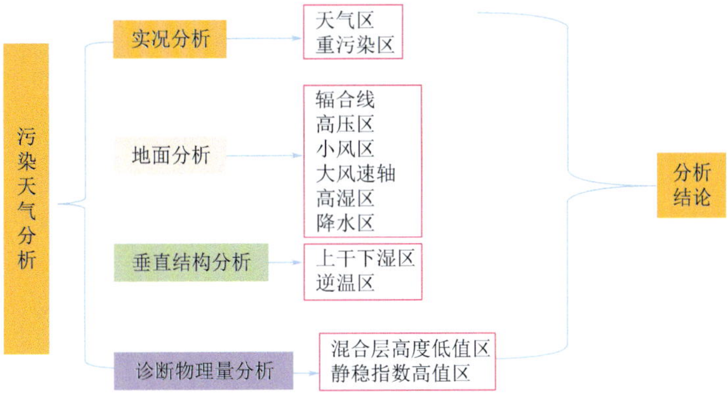

图8.2 污染天气分析业务流程

表8.3 污染天气分析工具及功能说明

工具名称	工具描述	图例	图示
地面辐合线	表示主要的风场辐合区域		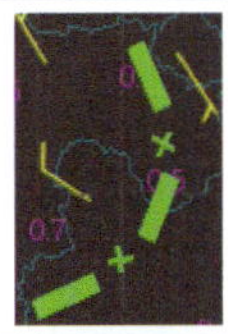
小风区	表示风力较弱的区域 （注：工具箱中有多个表示区域的工具，可通过线型、线条颜色、填充形式、填充颜色区分）	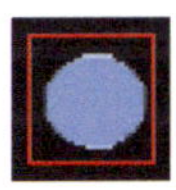	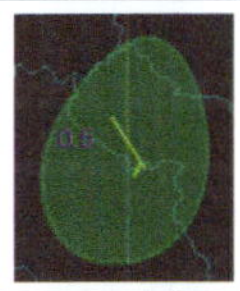
大风速轴	表示大风区和显著流向 用途一：分析污染物清除 用途二：分析沙尘天气		
地面高湿区	等值线标注层次（地面）		
上干下湿区	上干下湿区与高湿区类似（蓝色）		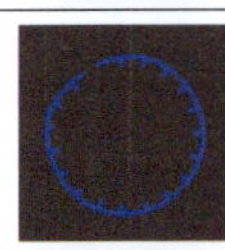
混合层高度低值区	同小风区，换颜色或填充形式	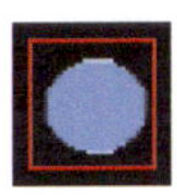	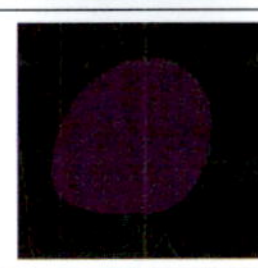

续表

工具名称	工具描述	图例	图示
静稳指数高值区	同小风区，换颜色或填充形式	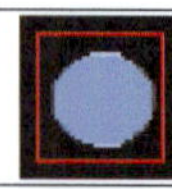	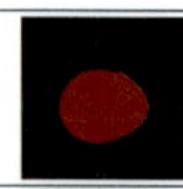
逆温区	同小风区，换颜色或填充形式	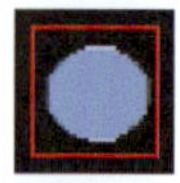	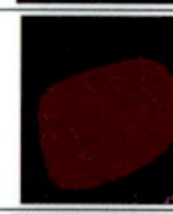
重污染区	表示实况或前期的重污染区域，可视情况区分雾/霾/沙尘/低能见度区，绘图前选择标注文字	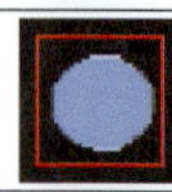	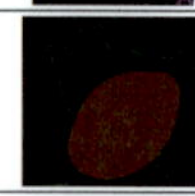
降水区	较强的降水区域	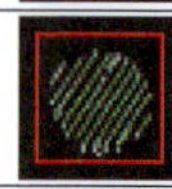	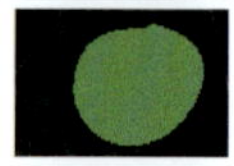
天气区	霾区、雾区、沙尘区(颜色参考相应预报图)	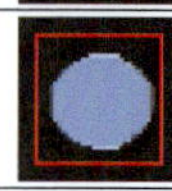	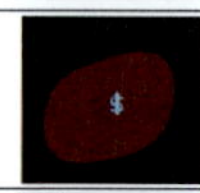
天气符号	霾、浮尘、扬沙、沙尘暴、大雾等		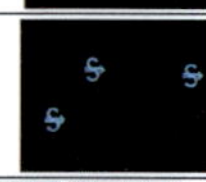
部分常规工具	工具箱中也需要修改等值线、移动/剪除、漫游等常用工具，方便操作		
备用工具	可设置部分箭头、闭合线、虚线等工具，备用		

8.3.2.1　地面气象要素分析

(1)地面辐合线

分析目的：地面辐合线附近有利于污染物堆积，判断地面辐合线的位置和维持时间。

技术要求：根据 10 m 风场，在风向辐合处分析地面辐合线。若地面辐合线在某地稳定维持 6 h 及以上，标注维持时间。

(2)地面高压区

分析目的：地面高压有利于雾或霾形成，判断地面高压的位置和维持时间。

技术要求：根据地面气压场，分析高压控制区域，标注高压符号，若地面高压在某地稳定维持 12 h 及以上，标注维持时间。

(3)小风区

分析目的：小风区不利于污染物水平扩散，判断地面小风区的位置和维持时间。

技术要求：用闭合线分析风速小于或等于 2 m/s 的范围。若小风区在某地稳定维持 6 h 及以上，标注维持时间。

(4)大风速轴

分析目的：大风速轴表征冷空气的动向，用于确定污染天气结束和春季沙尘天气的起沙条件。

技术要求：分析 6 m/s 以上偏北风风速轴；分析春季沙尘天气时，重点分析风速 12 m/s 以上风速轴。

(5)地面高湿区

分析目的：地面高湿有利于污染物吸湿增长和能见度降低。

技术要求：用闭合线分析 2 m 相对湿度大于或等于 90%的范围。

(6)降水区

分析目的：降水对污染物有湿清除作用，较强降水区域不利于形成污染天气。

技术要求：用闭合线分析预报 12 h 降水量大于或等于 5 mm 的范围，用闭合线标值表示降水量。分析 5 mm、15 mm、30 mm 降水区。

8.3.2.2 垂直结构分析

(1)上干下湿区

分析目的：上干下湿区有利于辐射雾的形成。

技术要求：用闭合线分析 2 m 相对湿度大于或等于 90%，同时 850 hPa 相对湿度小于 60%的范围。

(2)逆温区

分析目的：逆温层抑制污染物垂直扩散，确定逆温层的分布范围和强度。

技术要求：用闭合线分析 2 m 和 925 hPa 之间以及 2 m 和 850 hPa 之间的逆温区分布，用闭合线标值表示逆温强度。分析逆温强度从 0 ℃开始，以 3 ℃为间隔递增。

8.3.2.3 诊断物理量分析

(1)混合层高度低值区

分析目的：混合层高度低意味着污染物垂直方向可有效扩散的空间小，易导致低层污染浓度升高。

技术要求：用闭合线分析混合层高度低于或等于 800 m 的范围，用闭合线标值表示混合层高度。分析高度从 800 m 开始，以 200 m 为间隔递减。

(2)静稳指数高值区

分析目的：静稳指数越高表征大气整体静稳程度越高，有利于形成污染天气。

技术要求：用闭合线分析静稳指数大于或等于 10 的范围，用闭合线标值表示静稳指数大小。分析范围从 10 开始，以 2 为间隔递增。

8.3.2.4 实况分析

(1)重污染区

分析目的：重污染区域是服务关注的重点，对下游地区输送作用明显。

技术要求：用闭合线分析达到重度和严重污染的区域范围，标注影响面积。用箭头符号表示当前重污染区域的主导风向。

(2)天气区

分析目的：雾、霾、沙尘实况落区是服务关注的重点，沙尘天气对下游地区输送作用明显。

技术要求：用闭合线分析雾、霾和沙尘天气的区域范围，标注影响面积。分析等级为大雾、浓雾、强浓雾、特强浓雾；中度霾、重度霾；浮尘或扬沙、沙尘暴、强沙尘暴、特强沙尘暴。用箭头符号表示霾和沙尘区域内的主导风向。

8.4 环境气象业务系统

为提高空气质量监测预测业务水平，吉林省气象台建立了包含主要污染物实时监控、气象条件实时监测、环境气象预报、环境气象服务产品显示、预报质量检验等功能的吉林省环境气象监测预警业务系统（图 8.3）。

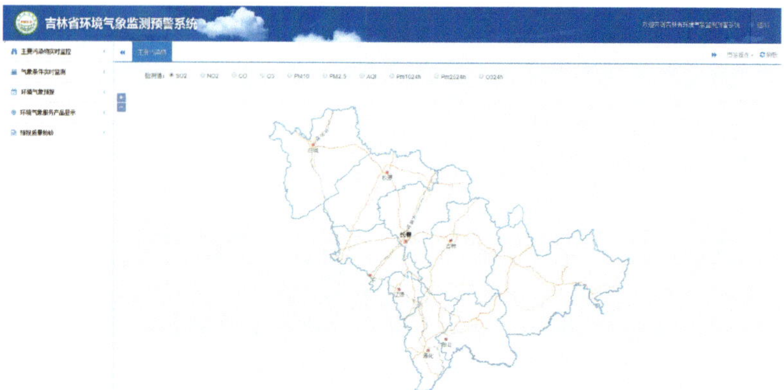

图 8.3 吉林省环境气象监测预警系统主界面

8.4.1 污染物实时监控模块

污染物实时监控模块可实时显示 $PM_{2.5}$、PM_{10}、O_3、NO_2、SO_2、CO 等 6 种污染物浓度，以及 AQI 和 $PM_{2.5}$、PM_{10} 过去 24 h 平均浓度值（图 8.4）。

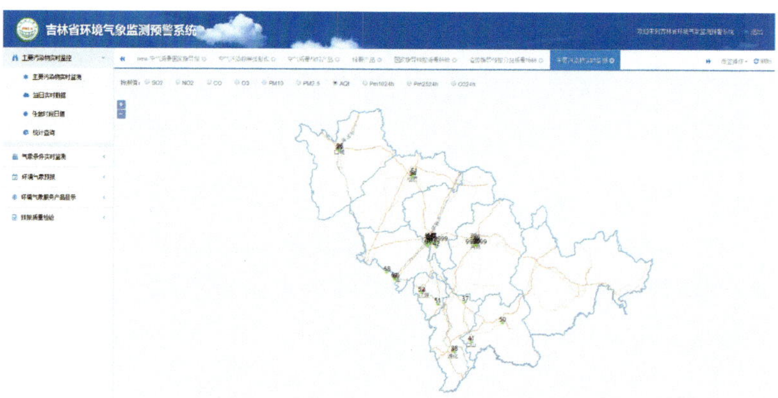

图 8.4 污染物实时监控模块界面

8.4.2　气象条件实时监测模块

气象条件实时监测模块包含环流形势、气象要素显示以及烟、雾、霾等实时监测及统计查询功能(图 8.5)。

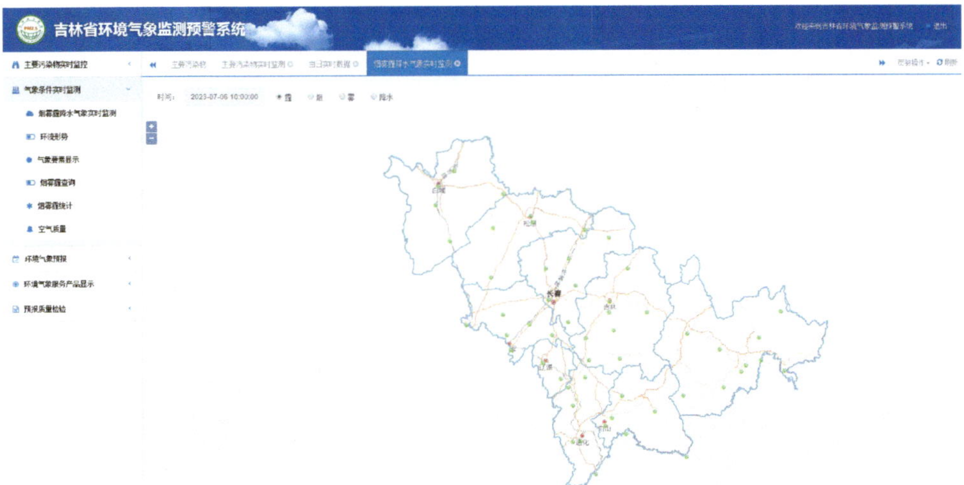

图 8.5　气象条件实时监测模块界面

8.4.3　环境气象预报模块

环境气象预报模块主要包含国家指导报显示、污染物浓度预报、空气质量等级制作、气象参数预报以及雾、霾客观预报等功能(图 8.6、图 8.7)。

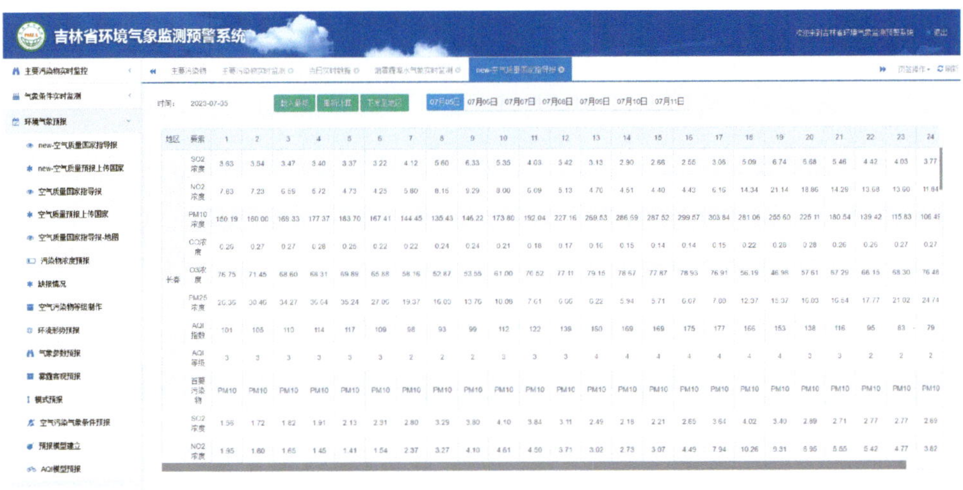

图 8.6　环境气象预报模块中国家指导报显示界面

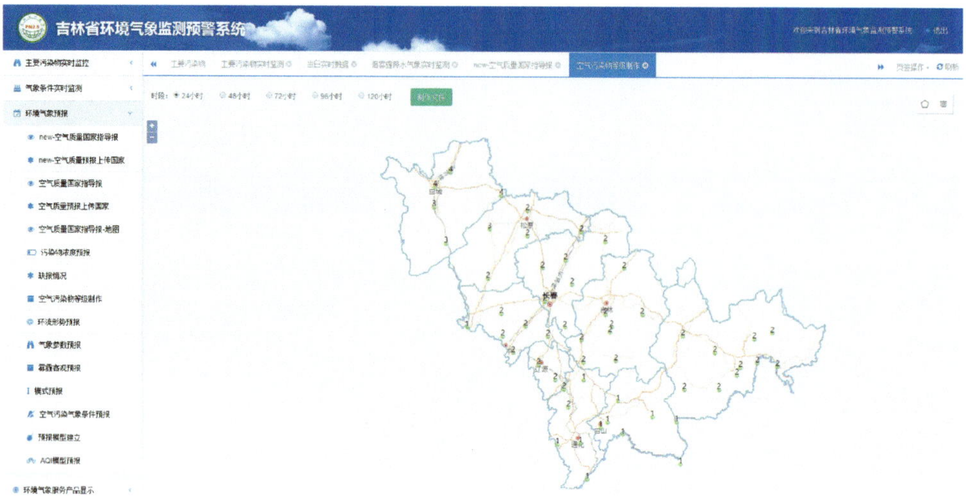

图 8.7　环境气象预报模块中空气质量等级制作界面

8.4.4　环境气象服务产品显示模块

该模块主要包含空气质量预报产品、预警产品显示和预警产品统计等功能（图 8.8、图 8.9）。

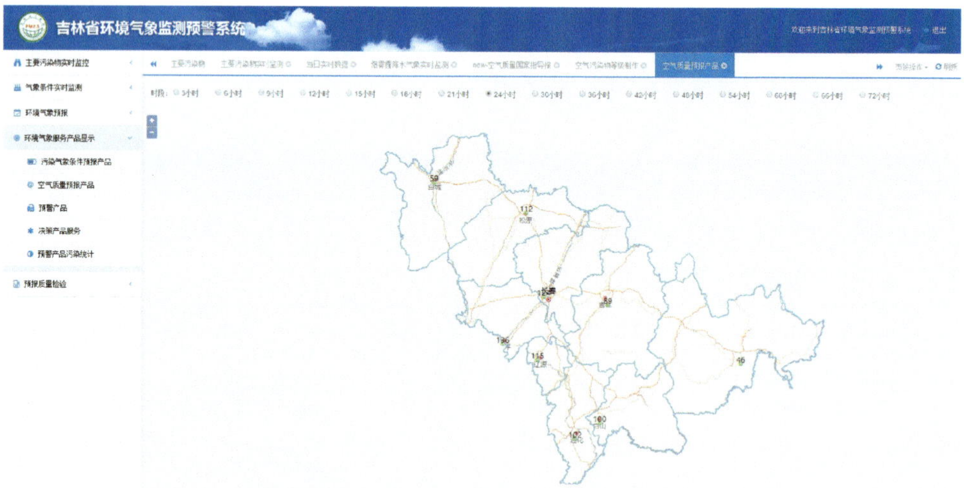

图 8.8　环境气象服务产品显示模块中污染物浓度预报显示界面

图 8.9 环境气象服务产品显示模块中预警产品显示界面

8.4.5 预报质量检验模块

该模块主要包含国家指导预报质量检验、省级指导预报、公众预报质量检验等功能（图 8.10）。检验的要素主要包括预报产品传输时效评分、AQI 级别预报准确率、AQI 预报综合评分、首要污染物预报准确率、$PM_{2.5}$ 等级预报准确率、$PM_{2.5}$ 预报综合评分、O_3 等级预报准确率、O_3 预报综合评分，以及城市空气质量预报按不同时效（24 h、48 h、72 h）AQI 预报综合评分等。

图 8.10 预报质量检验模块界面

8.5 预报质量检验评估

8.5.1 检验内容

空气质量预报检验评估检验内容为每日 20 时起报的 1～7 d 逐日空气质量预报，检验要素有空气质量指数 AQI 和等级、首要污染物、$PM_{2.5}$ 平均浓度、臭氧最大 8 h 浓度等。其中臭氧预报的检验时段为 5—10 月，其他要素检验时段为全年。检验结果主要包括 AQI 级别预报准确率、AQI 预报综合评分、首要污染物预报准确率、$PM_{2.5}$ 等级预报准确率、$PM_{2.5}$ 预报综合评分、O_3 等级预报准确率、O_3 预报综合评分等。

8.5.2 实况标准

AQI 的定义和计算方法以及级别划分、首要污染物的确定方法、$PM_{2.5}$ 浓度等级、最大 8 h 臭氧浓度等级均依据《环境空气质量指数(AQI)技术规定(试行)》。实况依据生态环境部中国环境监测总站(http://www.cnemc.cn/)实时发布的全国城市空气质量日报数据，其中 $PM_{2.5}$、PM_{10}、SO_2、NO_2、CO 和 O_3 为自然日的 24 h 平均浓度，O_3 最大 8 h 浓度为 08—24 时共 17 个时刻的最大 8 h 滑动平均浓度。

计算出各污染物的空气质量分指数(IAQI，Individual Air Quality Index)。取分指数最大值即得到 AQI。当 AQI 大于 50 时，IAQI 最大的污染物确定为首要污染物。若 IAQI 最大的污染物为两项或两项以上时，并列为首要污染物。

8.5.3 检验方法

AQI 预报综合评分按如下公式进行计算：

$$S_1=\begin{cases}0.2f_1+0.2f_2+0.2f_3+0.2f_4+0.2f_5 & (\text{全年})\\ 0.2f_1+0.4f_2+0.2f_3+0.2f_4 & (5\text{—}10\ \text{月})\end{cases}$$

式中：S_1 为 AQI 预报综合评分(取 1 位小数)；f_1 为首要污染物预报正确性评分；f_2 为 AQI 级别预报正确性评分；f_3 为 AQI 数值预报误差评分；f_4 为 O_3 等级预报正确性评分；f_5 为 $PM_{2.5}$ 等级预报正确性评分。

(1)首要污染物预报正确性评分(f_1)

若预报的首要污染物与实况一致，则判定为首要污染物预报正确，否则为错误。每日首要污染物预报正确性评分按 100 分计算，首要污染物预报正确得 100 分，错误得 0 分。若有两种或多种污染物并列为首要污染物，预报出其中一种即判定为首要污染物预报正确。

(2)AQI 级别预报正确性评分(f_2)

每日 AQI 级别预报正确性评分赋值见表 8.4。

表 8.4 每日 AQI 级别预报正确性评分赋值 单位:分

实况等级	预报等级					
	一级	二级	三级	四级	五级	六级
一级	100	50	25	0	0	0
二级	50	100	50	25	0	0
三级	25	50	100	50	25	0
四级	0	25	50	100	50	25
五级	0	0	25	50	100	50
六级	0	0	0	25	50	100

(3)AQI 数值预报误差评分(f_3)

每日 AQI 数值预报误差评分赋值见表 8.5。

表 8.5 逐日 AQI 数值预报误差评分赋值

	预报数值与实况数值误差				
	0～25	26～50	51～100	101～150	151～500
评分/分	100	80	60	30	0

(4)O_3 等级预报正确性评分(f_4)

每日 O_3 等级预报正确性评分赋值见表 8.6。

表 8.6 每日 O_3 等级预报正确性评分赋值 单位:分

实况等级	预报等级					
	一级	二级	三级	四级	五级	六级
一级	100	50	25	0	0	0
二级	50	100	50	25	0	0
三级	25	50	100	50	25	0
四级	0	25	50	100	50	25
五级	0	0	25	50	100	50
六级	0	0	0	25	50	100

(5)$PM_{2.5}$ 等级预报正确性评分(f_5)

每日 $PM_{2.5}$ 等级预报正确性评分赋值见表 8.7。

表 8.7 每日 $PM_{2.5}$ 等级预报正确性评分赋值 单位:分

实况等级	预报等级					
	一级	二级	三级	四级	五级	六级
一级	100	50	25	0	0	0
二级	50	100	50	25	0	0
三级	25	50	100	50	25	0
四级	0	25	50	100	50	25

续表

实况等级	预报等级					
	一级	二级	三级	四级	五级	六级
五级	0	0	25	50	100	50
六级	0	0	0	25	50	100

(6)AQI 预报准确率

计算一段时间(月、季、年等)城市空气质量预报的准确率采用如下计算公式：

$$T_k = \frac{Nt_k}{N_k} \times 100\%$$

式中：T_k 为某空气质量要素(k)预报准确率；Nt_k 为某空气质量要素预报正确的天数；N_k 为某空气质量预报要素有效检验总天数，剔除实况缺测、实况数据无效的天数。

对空气质量检验，k 可以为首要污染物、AQI 级别、臭氧等级、$PM_{2.5}$ 等级等。例如，首要污染物的预报准确率为指定时间段内首要污染物的正确预报天数除以有效检验天数，AQI 级别预报准确率为 AQI 正确预报天数除以有效检验天数。

8.5.4 省级订正技巧评分方法

省级订正(相对于国家级指导预报)技巧评分包括首要污染物预报订正技巧评分、AQI 级别预报订正技巧评分、O_3 等级预报订正技巧评分、$PM_{2.5}$ 等级预报订正技巧评分、AQI 预报综合订正技巧评分等。

AQI 预报综合订正技巧评分按如下公式进行计算：

$$S_2 = \begin{cases} 0.2f_6 + 0.4f_7 + 0.2f_8 + 0.2f_9 & (\text{全年}) \\ 0.3f_6 + 0.4f_7 + 0.3f_8 & (5\text{—}10\ \text{月}) \end{cases}$$

式中：S_2 为预报综合订正技巧评分(取 1 位小数)；f_6 为首要污染物预报订正技巧评分；f_7 为 AQI 级别预报订正技巧评分；f_8 为 O_3 等级预报订正技巧评分；f_9 为 $PM_{2.5}$ 等级预报订正技巧评分。

(1)首要污染物预报订正技巧评分(f_6)

当首要污染物预报与实况一致时为正确预报，反之则错误。当 AQI 实况为一级即没有首要污染物时，无预报视为正确，否则视为错误。当省台预报和中央台指导预报的首要污染物都正确或都错误时，$f_6=0$；当省台预报正确，中央台指导预报错误时，则 $f_6=100$，反之，省台预报错误，中央台指导预报正确，则 $f_6=-100$。

(2)AQI 级别预报订正技巧评分(f_7)

当 AQI 级别预报与实况完全一致时为正确预报，反之则错误。当省台预报和中央台指导预报的 AQI 级别都正确或都错误时，$f_7=0$；当省台预报正确，中央台指导预报错误时，则 $f_7=100$，反之，省台预报错误，中央台指导预报正确，则 $f_7=-100$。

(3)O_3 等级预报订正技巧评分(f_8)

当 O_3 等级预报与实况完全一致时为正确预报,反之则错误。当省台预报和中央台指导预报的 O_3 等级都正确或都错误时,$f_8=0$;当省台预报正确,中央台指导预报错误时,则 $f_8=100$,反之,省台预报错误,中央台指导预报正确,则 $f_8=-100$。

(4)$PM_{2.5}$ 等级预报订正技巧评分(f_9)

当 $PM_{2.5}$ 等级预报与实况完全一致时为正确预报,反之则错误。当省台预报和中央台指导预报的 $PM_{2.5}$ 等级都正确或都错误时,$f_9=0$;当省台预报正确,中央台指导预报错误时,则 $f_9=100$,反之,省台预报错误,中央台指导预报正确,则 $f_9=-100$。

8.5.5 不同时效空气质量预报综合评分

对 1～7 d 逐日空气质量预报依据上述方法分别进行检验,同时为评估不同时效空气质量预报综合水平,对 24 h、48 h、72 h 空气质量预报进行不同权重的加权计算,得到空气质量预报综合评分 S,其计算公式为

$$S_k=0.5S_{k24}+0.3S_{k48}+0.2S_{k72}$$

式中:S_k 为某空气质量检验要素(k)综合评分;S_{k24} 为某空气质量检验要素 24 h 评分;S_{k48} 为对应 48 h 评分;S_{k72} 为对应 72 h 评分。

空气质量预报月、季、年评分由逐日预报质量评分求平均计算得出。

参考文献

操晚，唐邈，薛鹏，等，2018. 烟花爆竹燃放对天津市空气质量的影响研究[J]. 气候与环境研究，23(2)：210-220.

董继元，刘兴荣，张本忠，等，2015. 兰州市大气相对湿度与 PM_{10} 浓度和大气能见度的相关性分析[J]. 生态环境学报，24(12)：1995-2001.

董群，赵普生，陈一娜，2016. 降雨对不同粒径气溶胶粒子碰撞清除能力[J]. 环境科学，37(10)：3686-3692.

樊高峰，马浩，任律，等，2017. 分钟降水量对能见度及 $PM_{2.5}$ 浓度影响研究[J]. 气象，43(12)：1527-1533.

何建军，余晔，刘娜，等，2016. 气象条件和污染物排放对兰州市冬季空气质量的影响[J]. 高原气象，35(6)：1577-1583.

李德俊，熊守权，柳草，等，2017. 降水对武汉 2 次空气污染过程的湿清除特征[J]. 中国农学通报，33(29)：95-102.

李会霞，史兴民，2016. 西安市 $PM_{2.5}$ 时空分布特征及气象成因[J]. 生态环境学报，25(2)：266-271.

李树岭，花丛，赵玲，等，2019. 哈尔滨秋季一次持续性重污染过程分析[J]. 气象与环境学报，35(4)：25-32.

卢盛栋，李军霞，李芬，等，2021. 2017—2019 年太原南部城区夏季 O_3 特征及其影响因子[J]. 气象与环境学报，37(3)：40-46.

马梁臣，王宁，于月明，等，2018. 长春市两次严重 PM_{10} 污染天气对比分析[J]. 气象灾害防御，25(2)：9-13.

苗爱梅，李苗，王洪霞，2014. 一次持续性雾霾天气过程的阶段性特征及影响因子分析[J]. 干旱气象，32(6)：947-953.

秦玉琳，杜倩，2019. 吉林省城市大气环境容量特征分析[J]. 气象灾害防御，26(3)：6-11.

唐仁茂，李德俊，柳草，等，2017. 一次重雾霾天气成因及湿清除特征分析[J]. 气候与环境研究，22(6)：699-707.

王秀玲，花家嘉，李轩，等，2020. 2015—2017 年唐山市 $PM_{2.5}$ 重污染生消气象条件分析[J]. 气象与环境学报，36(4)：45-51.

吴兑，邓雪娇，2001. 环境气象学与特种气象预报[M]. 北京：气象出版社.

吴兑，陈慧忠，吴蒙，等，2014. 三种霾日统计方法的比较分析——以环首都圈京津冀晋为例[J]. 中国环境科学，34(3)：545-554.

熊险平，张唯，朱锐，等，2021. 降水对河北沧州大气污染物质量浓度的影响[J]. 干旱气象，39(2)：296-301.

徐大海，王郁，2013. 确定大气环境承载力的烟云足迹法[J]. 环境科学学报，33(6)：1734-1740.

徐大海，朱蓉，1993. 国家标准 GB/T 3840—91 城市大气污染物总量控制 A-P 值法的应用[J]. 城市环境与城市生态，6(2)：36-41.

许启慧，范引琪，井元元，等，2017. 1972—2013 年河北省大气环境容量的气候变化特征分析[J]. 高原气象，36(6)：1682-1692.

杨静，李霞，李秦，等，2011. 乌鲁木齐近 30 a 大气稳定度和混合层高度变化特征及与空气污染的关系[J]. 干旱区地理，34(5)：747-752.

杨雪艳，杜倩，慕秀香，等，2015. 持续性霾天气与大气边界层气象条件的关系分析[J]. 安徽农业科学，43(3)：240-243.

叶堤，王飞，陈德蓉，2008. 重庆市多年大气混合层厚度变化特征及其对空气质量的影响分析 [J]. 气象与环境学报，24(4)：41-44.

于杰，李玉鹏，苏丽欣，等，2021. 2019 年 1 月长春市一次霾污染过程成因分析[J]. 气象与环境学报，37(2)：56-63.

赵桂香，杜莉，卫丽萍，等，2011. 一次持续性区域雾霾天气的综合分析[J]. 干旱区研究，28(5)：871-878.

赵海波，郑楚光，2005. 降雨过程中气溶胶湿沉降的数值模拟[J]. 环境科学学报，25(12)：1590-1596.

赵普生，张小玲，徐晓峰，2011. 利用日均及 14 时气象数据进行霾日判定的比较分析[J]. 环境科学学报，31(4)：704-708.

郑丽英，许婷婷，陈志安，等，2019. 成都市夏季臭氧污染特征及影响因素[J]. 气象与环境学报，35(5)：78-84.

钟方潜，苏琪骅，周任君，等，2017. 秸秆焚烧对区域城市空气质量影响的模拟分析[J]. 气候与环境研究，22(2)：149-161.

周淑贞，束炯，1991. 城市气候学 [M]. 北京：气象出版社 .